口絵1 マッコウクジラ
体側の白い模様はダイオウイカのくちばしによる傷跡

口絵2 浮上するシロナガスクジラ

口絵3 ミナミセミクジラ頭部

口絵4 ダンダラカマイルカ

口絵5 ヒレナガゴンドウの親子

口絵6 マッコウクジラの歯

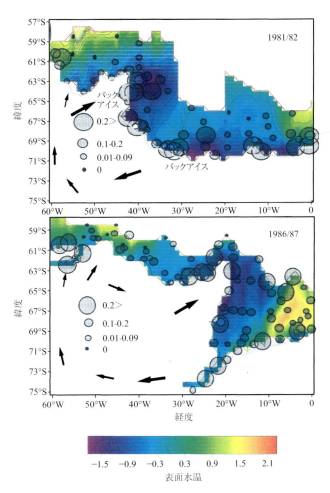

口絵7（52頁）ウェッデル海におけるクロミンククジラの分布と表面水温分布．図中の矢印は冷たい南極沿岸流とウェッデル還流の流れの推測図（Kasamatsu *et al.*, 1988 を改編）

口絵8　浮上したミナミトックリクジラ

口絵9 ヒレナガゴンドウの群れ

口絵10 雌のシャチ

口絵11 氷山と調査船

新版 クジラの生態

笠松不二男 著
田中栄次 補訂

恒星社厚生閣

本書を平成 12 年 4 月 6 日にご急逝された
松宮義晴教授に捧げる．

まえがき

　本書は，東京水産大学の非常勤講師としてクジラの生態を講義する際に書き下ろした講義ノートが成長してできたものである．私の永年にわたる北極海・南北太平洋・南北大西洋・インド洋そして南極海におけるクジラやイルカの生態観察とその記述を中心に，内外の研究者による最新の生態学的研究成果をも加えて本書は構成されている．本書は専門書であるが，クジラやイルカの生態をはじめて学ぶ人々にも理解できるように記述することに努めた．

　本書では，第1章でクジラ類の進化・分化と放散を扱い，合わせて現生のイルカを含む各クジラ類の特性を記述した．第2章ではこの本の中心的内容となる分布生態を詳述し，分布生態と密接に関連する摂食生態と繁殖生態についてそれぞれ第3章と4章で記述した．また，目視調査を中心としたイルカやクジラの調査方法を紹介する（第5章）とともに，捕鯨と資源管理にも言及した（第6章）．最後の第7章では，イルカやクジラに対する化学物質による影響を扱った．

　鯨類生態学の分野での私の専門は，分布生態である．カナダの著名な生態学者 Krebs は，1972年に出版した生態学の教科書「Ecology」の中で，生態学とは「生物の分布と個体数の研究」と定義しているように，分布生態の研究は，現在の生態学の中心的な分野である．動物の繁殖，摂食といった基本的な生態や物理的環境との関係が，結果としてその動物の分布を制御あるいは支配していることから，分布生態はこれら摂食や繁殖に関する分野も視野に入れて追求されている．1980年代後半から1990年代にかけて，分布生態の分野では，「Habitat Use」という分野の研究が注目されている．クジラ類が利用している水域とはどんな所か．そこには何かあるのか．そこにいる生物はクジラ類とどのような係わりをもっているのかなどを多様な調査手法と解析手法で解明しようとしている．現在のところこれらの成果は，いまだ分布の記述が中心で，Habitat Use を支配あるいは制御している要因やクジラ類以外の生物群集との連関に関する成果や記述は少ない．それは，クジラ類の調査が時間と労力（費用）を要するとともに，たとえ小さい水域であってもそ

こを利用するクジラ類群集の全体像が掴めないという困難さが原因である．それでも，日本を含め北欧（ノルウェー・アイスランド）や米国（特に，NOAA-Southwest Fisheries Science Center の S. Reilly 博士や Northeast Fisheries Science Center の T. Smith 博士ら）により少しずつこの分野の調査研究が進展してきた．本書では，これらの成果を含め，著者らの実際の調査から得られた具体的な事例を紹介しながらクジラ類の生態を理解してもらうことを主眼としている．方法論・解析手法については，基礎的な理解を得る範囲にとどめているので，もっと知りたい方は，巻末の参考文献を読んで頂きたい．

　本書は，過去 20 年あまりにわたる多くの方々との共同調査と研究に負うところが多い．特に，永年にわたり南極海での調査航海を共にした故 Durant Hembree, Gerald G. Joyce, Paul Ensor には感謝する．北原 武博士と田中栄次博士（東京水産大学）には，本書が生まれる端緒になった特別講義へのお誘いを頂いた．岸野洋久博士（東京大学）には統計的記述に関する部分の校閲を頂いた．その他，白木原国雄博士（三重大学），後藤睦夫博士（日本鯨類研究所），水産庁遠洋水産研究所加藤秀弘博士,（財）日本鯨類研究所，共同船舶（株）高山武弘氏・小川 洋氏，（株）講談社科学図書出版部，（財）東京大学出版会，森 恭一博士（小笠原ホエールウオッチング協会）らさまざまな方や機関のご協力を頂いた．ここに記してお礼申し上げる．

　最後に，永年にわたりクジラ研究をさまざまな形でご支援ご鞭撻を頂いた大隅清治博士（日本鯨類研究所理事長），山村和夫氏（同参事），畑中 寛氏（水産庁中央水産研究所長）と斎藤達夫氏（水産庁国際顧問）に，そして水産資源学におけるさまざまなご指導と励ましを頂いた田中昌一博士（東京大学名誉教授）と松宮義晴博士（東京大学海洋研究所教授）に心よりお礼申し上げる．また，本書で使用した図が掲載された論文の著者および版権元である Marine Mammal Science, International Whaling Commission, Science, Nature, Springer-Verlag, Elsevier, Academic Press, Inter-Research, Antarctic Science, 日本生態学会誌，日本水産学会誌等から掲載許可を頂いた．記してお礼申しあげる．

2000 年 4 月

著者

新版まえがき

　本書が出版されて 15 年経過した．この間，鯨類をめぐってさまざまなことがあった．中でも最大の事件は 2014 年の国際司法裁判所における日本の敗訴である．オーストラリア政府は日本政府が実施している南極海の科学的捕獲調査が条約に違反しているとして提訴していたが，予想を覆して条約違反と判断された．その理由もまた日本の捕獲調査が条約で認められた科学的範囲を逸脱しているという，日本にとっては極めてショックな判断理由であった．その結果 2014/15 シーズンの捕獲調査は中止せざるをえなくなった．

　著者の故笠松博士は南極海すべての水域の調査を行った経験がある数少ない鯨類の研究者の 1 人であり，日本鯨類研究所の調査員として南極海の科学的捕獲調査の指揮を行ってきた経験もあった．故人にとってこの結果は私以上にとても残念だったと思う．しかしながらその判断理由とは異なり，本書にはこの科学的捕獲調査の学術的成果が随所に盛り込まれ，1987 年以降継続的に行われてきたこの調査がなければ本書の出版もなかったと思う．

　この他の鯨類の話題として，国際捕鯨員会における改定管理方式の完成が挙げられる．これは鯨類の資源管理において大きな進展であった．東京水産大学（現東京海洋大学）で講義されていた当時はまだ審議中であった改定管理方式も採択された．その後異議申立てを撤回していないノルウェーはこの管理方式での捕獲限度量をもとに商業捕鯨を再開するなど，社会的にも大きな変化があった．また日本の捕獲調査の対象鯨種の分類もミンククジラから別種のクロミンククジラへと種名変更が行われるなど，本書の修正を行う必要性もでてきた．

　旧版は研究者 1 人が体系的に書いた，最近では数少ない書物の 1 つであり，また当時の記録としても貴重である．そこで旧版の部分については大きな変更を加えず，種名やミスプリントなどの必要な修正だけを加えることにした．文献や研究者等の所属についても当時のままにしてある．また新版ではできるだけ日本語表記に直すとともに、本書の理解の一助となるよう漁業生物学や資源動態モデル等の概要を巻末に補論として収録したほか、完成した改定管理方式の概要も合わせて収録した．新版として生まれかわった本書が再び日本の鯨類学の教育・研究に貢献することを祈念している．

2015 年 6 月

田中栄次

目　　次

まえがき……………………………………………………………………… *iii*

第1章　進化と放散 …………………………………………………… *1*
1・1　クジラ類の出現とミッシングリンク ……………………………… *2*
1・2　ハクジラとヒゲクジラの分化 ……………………………………… *5*
1・3　クジラ類の分類－DNA 研究の出現 ……………………………… *7*
1・4　クジラ類の放散 ……………………………………………………… *11*
　1・4・1　テチス海の拡大と縮小 ……………………………………… *11*
　1・4・2　クジラ類の分散－反熱帯／汎熱帯分布 …………………… *13*
1・5　現生のクジラ類とその特性 ………………………………………… *14*
　1・5・1　ヒゲクジラ亜目 ……………………………………………… *14*
　　（1）セミクジラ科（*14*）　（2）コセミクジラ科（*15*）
　　（3）ナガスクジラ科（*16*）　（4）コククジラ科（*19*）
　1・5・2　ハクジラ亜目 ………………………………………………… *20*
　　（1）マッコウクジラ科（*20*）　（2）コマッコウ科（*20*）
　　（3）カワイルカ科（*21*）　（4）イッカク科（*22*）
　　（5）ネズミイルカ科（*22*）　（6）マイルカ科（*25*）
　　（7）アカボウクジラ科（*33*）

第2章　分布生態 ……………………………………………………… *38*
2・1　分布生態とは ………………………………………………………… *38*
2・2　クジラ類の分布特性 ………………………………………………… *39*
　2・2・1　摂食域での分布特性（集中と分散）……………………… *39*
　2・2・2　クジラの分布様式と集合特性（南極海におけるクロミンククジラ）… *41*
　　（1）サンプリングユニットと調査航海（*41*）　（2）分布様式（*42*）
　　（3）集合特性（*45*）　（4）密度と群れサイズ（*46*）
　　（5）集合の成り立ちと推移（*47*）
　2・2・3　分布と環境傾度 ……………………………………………… *51*

　　　　（1）南極海のクジラ類（52）　　（2）北東大西洋のハナゴンドウ（59）
　　2・2・4　南極海におけるクジラ類群集内での種間関係 ································· 61
　　2・2・5　南極海における種の多様性 ··· 63
　　2・2・6　系群構造（Stock Structure）··· 68
　　　　（1）クロミンククジラ（68）　　（2）北西太平洋ミンククジラ（71）
　　　　（3）南半球ザトウクジラ（71）　　（4）北大西洋ネズミイルカ（73）
　2・3　クジラの回遊と移動 ·· 76
　　2・3・1　クジラの回遊 ··· 76
　　　　（1）なぜクジラは回遊するか（76）　　（2）コククジラの回遊パターン（77）
　　　　（3）ミンククジラの回遊パターンと回遊速度（77）
　　　　（4）成熟段階や雌雄による回遊時期の差（81）
　　　　（5）クジラの回遊路（82）　　（6）南極海での滞在日数（83）
　　2・3・2　クジラの移動 ··· 85
　　　　（1）標識銛や無線・衛星標識から見たクジラ類の移動（85）
　　　　（2）自然標識が示すクジラ類の移動（90）
　　　　（3）同位体比が示すクジラの移動履歴（93）
　　2・3・3　北海道標津沖クジラ類群集の出現 ··· 99
　　2・3・4　日本沿岸のストランディング記録 ··· 102

第3章　摂食生態 ·· 105
　3・1　クジラの摂食種と摂食方法 ·· 105
　　3・1・1　摂食種 ··· 105
　　3・1・2　摂食方法 ··· 107
　　　　（1）ヒゲクジラの基本的な摂食型（107）　　（2）その他の摂食方法（109）
　　3・1・3　クジラの胃 ·· 110
　　3・1・4　カリフォルニア・シロナガスクジラの摂食生態 ································· 111
　　3・1・5　南極海クロミンククジラの摂食生態 ································· 112
　　3・1・6　餌をいつとるか
　　　　　　　―メキシコ湾のバンドウイルカと南極海クロミンククジラ ············ 114
　　3・1・7　餌と棲み分け ··· 115
　　3・1・8　クジラと沿岸生物群集 ··· 118
　　3・1・9　南極海のミナミトックリクジラの摂食圧と生態的位置 ············ 120
　　3・1・10　北太平洋ミンククジラの摂食生態 ································· 123

  3・1・11 南極海でのシャチの捕食行動 …………………………………… *127*
  3・1・12 餌を食う優先度 ………………………………………………… *129*
  3・1・13 クジラ類の摂食量 ……………………………………………… *131*
 3・2 体色と摂食との関係 ………………………………………………… *133*
 3・3 放射性同位体・生元素同位体比で生態を測る ……………………… *136*
  3・3・1 放射性同位体で海産動物の栄養段階を測る ………………… *136*
   （1）海産動物の栄養段階の測定（*136*）
   （2）放射性同位体からみたイルカの栄養段階（*138*）
  3・3・2 生元素同位体比（$\delta^{15}N$）でみる栄養段階 ………………… *138*

第4章　繁殖生態 ……………………………………………………… *140*
 4・1 繁殖生態 ……………………………………………………………… *140*
  4・1・1 繁殖域 …………………………………………………………… *140*
  4・1・2 外洋性クジラ類の繁殖域 ……………………………………… *141*
  4・1・3 繁殖域の面積と個体数 ………………………………………… *143*
  4・1・4 繁殖期 …………………………………………………………… *144*
 4・2 繁殖行動 ……………………………………………………………… *146*
  4・2・1 集中回帰 ………………………………………………………… *146*
  4・2・2 性行動 …………………………………………………………… *147*
 4・3 クジラの群れとその特性 …………………………………………… *149*
  4・3・1 群れとは ………………………………………………………… *149*
  4・3・2 群れの特性 ……………………………………………………… *149*
   （1）ハクジラ類（*149*）　（2）ヒゲクジラ類（*151*）

第5章　資源量推定 …………………………………………………… *153*
 5・1 目視調査法 …………………………………………………………… *153*
  5・1・1 サンプリング調査とDistance sampling法 ………………… *153*
   （1）ライントランセクト（Line transect）法（*154*）
   （2）ストリップトランセクト（Strip transect）法（*161*）
   （3）ポイントトランセクト（Point transect）法（*162*）
  5・1・2 調査のデザイン ………………………………………………… *163*
   （1）調査プラットホーム（*163*）
   （2）調査ライン（トラックライン）のデザイン（*164*）

5・1・3　実際の目視調査 ……………………………………………… *166*
　　　　（1）トラックラインの配置（*166*）
　　　　（2）生物学的試料採取を伴うサンプリング（2段サンプリング）（*167*）
　5・2　標識再捕法 ………………………………………………………… *170*
　　5・2・1　資源量推定（Petersen型推定） …………………………… *170*
　　5・2・2　クジラ類への適用 …………………………………………… *170*
　　　　（1）人工標識（*170*）
　　　　（2）自然標識（Natural Making-Photo-Identification）（*171*）
　　5・2・3　クジラに対する標識再捕法の問題点 ……………………… *171*
　5・3　生体組織標本採取法（バイオプシーサンプリング） …………… *174*

第6章　資源管理と捕鯨 …………………………………………… *176*
　6・1　資源管理 …………………………………………………………… *176*
　　6・1・1　BWU（Blue Whale Unit 管理） ……………………………… *176*
　　6・1・2　新管理方式 …………………………………………………… *176*
　　6・1・3　大型クジラ類の資源管理で提起された問題と課題 ……… *179*
　　6・1・4　改定管理方式 ………………………………………………… *180*
　6・2　捕鯨 ………………………………………………………………… *181*
　　6・2・1　商業捕鯨の捕鯨方法 ………………………………………… *181*
　　　　（1）母船式捕鯨（*181*）　　（2）沿岸小型捕鯨（*184*）
　　6・2・2　捕鯨操業とCPUE ……………………………………………… *186*

第7章　環境汚染物質とクジラ類 ………………………………… *189*
　7・1　海産哺乳類への影響 ……………………………………………… *189*
　　7・1・1　汚染化学物質 ………………………………………………… *190*
　　7・1・2　海産哺乳類に対する生理的影響 …………………………… *190*
　　　　（1）影響実態（*190*）　　（2）海産哺乳類の有害物質の分解能力（*192*）
　　　　（3）次世代への移行（*192*）　（4）海産哺乳類中の最近の化学物質濃度（*193*）
　　　　（5）今後の課題（*194*）
　7・2　他の動物への影響 ………………………………………………… *195*

補論 …………………………………………………………………………… *199*

第 1 章　進化と放散

　海産哺乳類の科学誌である「Marine Mammal Science」の記念すべき第 1 巻の第 1 号（1985 年 1 月）に，ロサンゼルス自然誌博物館の Barnes ら（Barnes et al., 1985）による海産哺乳類の化石研究の現状が招待論文として掲載されたように，クジラの生態を理解する上でクジラの進化や分化に関する知識は欠かせない．陸上動物の場合，属や科といった種以上の進化や分化は大陸の分離や移動といった地史的な地理的隔離が主因であり，種未満の亜種や地方個体群の分化は生態的適応や環境選択が原因となっている場合が多い（MacArthur, 1972）．一方，海洋に進出したクジラの場合は，地理的境界もあったが，ほとんどの海洋は連続しており地理的隔離の影響は少なく，種の分化はむしろ浮動的な環境要因と生態的適応，特に餌資源との安定した結びつきへの適応が主因と考えられる．しかしながら，同一の大洋でも水域固有の種や亜種が存在する（マイルカ，マダライルカや南半球のカマイルカ類）など，クジラ類の進化と分化は単純ではない．クジラがどの哺乳類の仲間から分かれたのか，そして現生の 2 つの亜目（ハクジラ類とヒゲクジラ類）は同じ祖先を有しているのか，あるいは異なる先祖なのかといった進化と分化に関する基礎的な知見を最初に説明する．

　また，クジラ類の進化を推測する上で化石研究からの情報は欠かせない．クジラ類に関しては，初期の進化に関する化石の出現は意外に少なく，陸生動物がどのような変化と適応を経てクジラ類の特性をもつ動物へ進化していったのかに関してさまざまな推測と議論がなされてきた．1980 年代以後，クジラの進化に関していくつかの新しい化石の発見が報告され，今までミッシングリンクとされていたクジラの初期の進化の道筋が明らかになってきた．さらに，これまで従来の生物分類や系統は，現生生物や化石などの形態を比較することによってなされてきたが，1980 年代から急速にクジラの分子生物学的研究が発展し，DNA やタンパク質などの分子に刻まれた情報の解析から生物進化の歴史が次第に明らかにされはじめた．

この章では，クジラの出現とその進化を概説し，特に DNA 研究によって呼び起こされたクジラの分類に関する新たな問題を紹介する．

1·1　クジラ類の出現とミッシングリンク

それまで地球を支配していた恐竜たちが約 6,500 万年前に絶滅した．その絶滅を待っていたかのように，哺乳類が台頭し，地球の次なる支配者になった．特に，クジラ目，人やサルの霊長目やウシやブタなどの偶蹄目が含まれる現在の真獣類（16 目）の先祖は，多様な進化を遂げた．

約 6,000 万年前，現在の南ヨーロッパと北アフリカから西アジアにかけてテチス海と呼ばれる温暖で浅い海が広がり，豊かな生物相が存在していた（図 1-1）．原始的な食虫性の系統から枝分かれした有蹄類から派生し，このテチス海の水辺で生活していた犬程度の大きさの肉食性陸生動物メソニチ類（Mesonychids, Van Valen, 1968, 1969）が，干潟や河口性の動きの遅い魚類や軟体類といった餌資源を利用する水陸両用の生態的特性を獲得して生き延びていた（Flower,

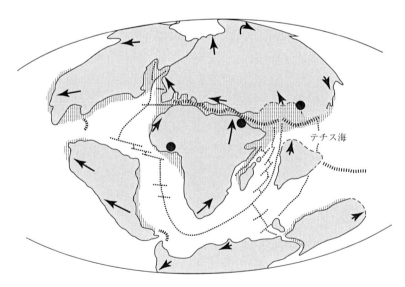

図 1-1　テチス海と初期の化石の発見位置
　　　●は最も古い化石の出土位置．矢印は大陸の移動方向．

1883).クジラ類の先祖は,餌資源の減少と競争種の出現に対応し,より資源が豊富な沿岸性や底生性の魚介類を利用できるように形態（歯や体型）を適応させていくとともに,イクチオザウルス等の海産恐竜がいなくなった生態的地位を徐々に獲得し,祖先が生まれた海へ次第に戻っていった.

メソニチ以後現生のクジラ類の特徴をもつ系統への進化は急速であり,また地理的に極限されていたために,現生のクジラ類の明瞭な特徴をもつ化石（後述のバシロサウルス科など）とメソニチとの間の化石はしばらく発見されず,ミッシングリンクと呼ばれた.しかし,このテチス海があった所の西の端（現在のパキスタン）でこのミッシングリンクを埋める新たな化石が発見され1994年に発表された.パキスタンのパンジャム地方の丘陵地帯で発見された新たな化石（約5,200万年前のものと推測）には,5本の指を持つ4本の足が残っており,まだ陸上を歩くことができたと考えられている（Thewissen *et al*., 1994）（図1-2）.この動物は,陸上でも水中でも生活できたクジラと考えられ「泳ぎ歩くクジラ－アンブロケタス・ナタンス」と名づけられた（大きさは約300 kg程度）.その後,後ろ足が退化し現在のクジラのように尾を使って泳ぎ,ほぼ水中生活をしていたと思われる4,700万年前の化石が発見され,「ロドケタス・カスラニ」と名づけられた（Gingerich *et al*., 1994）.

水中に多少とも適応しクジラ類と認識される哺乳類は,ムカシクジラ亜目として分類され,現存のクジラ類と比較して水中生活への適応度が低く原始的である（表1-1）.新生代（Cenozoic）の第三紀始新世に栄えたこれらムカシクジラ亜目のクジラは,まだ陸上哺乳類に形態が似ているものの,すでに一部水中聴音への適応を示しており,徐々に海洋の餌資源を安定して利用できるような適応を遂げていた.

同じムカシクジラ亜目のプロトケタス（エジプトで発見）では,吻が前方に伸び,鼻孔は後方に移動をはじめ,目も頭骨の左右に移り,より海洋での生活に適応した形態となり（テレスコーピング）,現生のクジラ類に近い形態となっていった.始新世（Eocene）の後半になると,体長が20 mに達するバシロザウルスの仲間や体長5 m前後で現生のイルカと似たドルドン等の進化したクジラ類が現れた.なお,バシロザウルスの仲間の化石がニュージーランドや南極大陸から発見されていることから,このバシロザウルスの仲間は海洋での生活,特に遊泳能力が進化し,約4,000万年までにその分布を広範囲に広げたと考えられている.

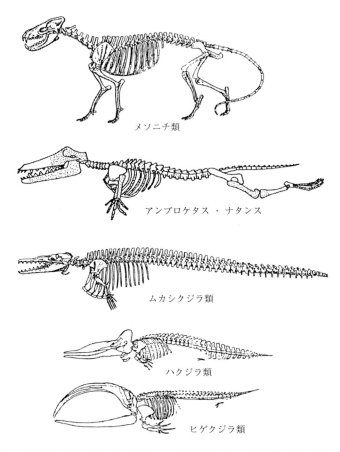

図1-2 メソニチ類,アンブロケタス・ナタンス,ムカシクジラ類,そして現生のハクジラ類とヒゲクジラ類の骨格図(Thewissen *et al.*, 1994 ; Berta, 1994)

表1-1 ムカシクジラ亜目の分類(Barnes *et al.*, 1985)

ムカシクジラ亜目(Suborder Archaeiceti)
  プロトケタス科(Family Protocetidae)
  バシロザウルス科(Family Basilozauridae)
    ドルドン亜科(Subfamily Dorudontinae)
    バシロザウルス亜科(Subfamily Basilosaurinae)

1·2　ハクジラとヒゲクジラの分化

　形態的，生理学的そして化石研究から，現在のところ，現生のクジラ類はハクジラ亜目とヒゲクジラ亜目に分類されている（図1-3）．ムカシクジラ亜目が絶滅する直前の始新世から漸新世（Origocene）にかけて，バシロザウルス科からその後ヒゲクジラ亜目（ヒゲクジラ類）とハクジラ亜目（ハクジラ類）につながるクジラ類が派生し，これらのクジラが原始的なムカシクジラ亜目に替わり中新世で大きな発展を遂げた．現生ハクジラ類の直接の祖先はハクジラ亜目として分類されているスクアロドン類（約2,500万年前）と考えられ，現生のヒゲクジラはハクジラから分化進化し，エテイオケタス（*Aetiocetus*）とセトセリ類（Cetotheridae）へと繋がっていったと考えられている（Whitemore and Sanders, 1976；Barnes and Michell, 1978；Gaskin, 1982）．

　クジラ類は，進化の過程で水環境への適応に必要なさまざまな能力を獲得しはじめた．筋肉中の乳酸蓄積に対する強い抵抗力，長時間の潜水における筋肉組織中酸素の急速な不足に対する耐性や細胞レベルでの酸素の急速な蓄積のための筋肉中ミオグロビンの高い含有度，栄養貯蔵や体温調整のための皮脂の発達などを急速に獲得した．

　そして水中生活の適応の結果，鼻孔は体の背後方へ移動し呼吸しやすくなり，尾ビレが著しく発達し推進器の役割を果たし，体は流線形となった．多くの現生クジラ類では背ビレが背中の脂皮が伸びて発達し，これが体の流体力学的制御と体温調整に役立った．また，これらの水中での生活能力を十分獲得できなかったもののうち，あるものは淘汰除去され，またあるものは再び陸上に戻った．

　これら現生クジラ類の直接の先祖となるクジラが，エコーロケーション（音響定位）や，大量の動物プランクトン等の餌をろ過して食べる機能を持たなかったムカシクジラ亜目の生態的地位を奪い，次第に入れ替わっていった．ハクジラ類は，エコーロケーション機能をさらに発展させて進化し，約2,400万年前までに急速に多様な種類へと適応放散した．一方，ヒゲクジラ類は動物プランクトンを大量に捕食できるように適応しつつ，中新世のセトセリ類を経て現生のナガスクジラ科が1,500万年前までに進化した．ヒゲクジラ類は，現代型になってきた中新世後期から鮮新世頃にかけて巨大化が進み，現在の生態的地位を確保した．そして現生のハクジラ類とヒゲクジラ類は，海洋環境に高度な適応を

はたし，環境からの相対的独立性を保ち，高度の感覚・運動能力と体格故に高い食地位を獲得した．

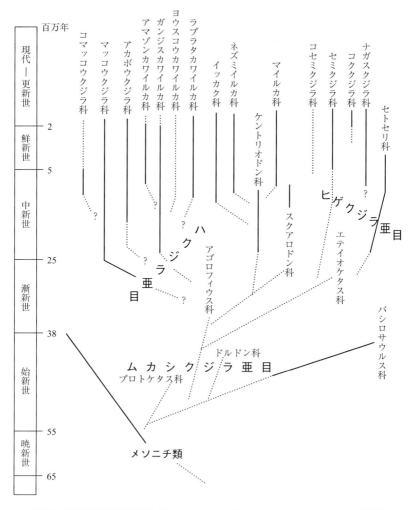

図1-3　クジラ類の系統発生図（Barnes and Mitchell, 1978；Barnes et al., 1985を改編）

1・3　クジラ類の分類 − DNA 研究の出現

　前節で'現在のところ'クジラ類はハクジラとヒゲクジラに分類されていると記した．伝統的な形態学や生理学に加えて，1980年代から急速に分子生物学が発展し，DNAやタンパク質などの分子に刻まれた情報の解析から生物進化の歴史が次第に明らかにされはじめた．従来の生物分類や系統は，主に現生生物や化石などの形態を比較することによってなされてきたが，どの形態的特徴を重視するかということや，別々の系統に属する生物でも似た環境に生息してきたものはお互いに似てくる（収斂進化，convergent evolution）といったことから，分類や系統に関して研究者間の論争は絶えない．

　ハクジラ類の代表ともいえるハクジラ類中最大のマッコウクジラが，実は同じハクジラ類のイルカ類よりもヒゲクジラに近いという仮説が1993年の「Nature」に掲載された．そして大論争がはじまった．

　「Nature」に記述されたMilinkovitchら（当時エール大学）の論文（Milinkovitch et al., 1993）によれば，彼らはハクジラとヒゲクジラの16種類についてミトコンドリアのリボソームRNA（12Sと16S）遺伝子の部分配列を調べ，合計930塩基の類似度から分子系統樹を構築した（図1-4）．彼らが示した系統樹は，全体としてはクジラの先祖が有蹄類の中でも牛などの偶蹄類に分類されるなど，これまでの形態等による分類体系とよく一致していたものの，前述したごとく最大のハクジラであるマッコウクジラが同じハクジラ類のイルカよりもヒゲ板をもつヒゲクジラ類に近いという結果を示した．すなわち，彼らはハクジラは単系統のグループをなすのではなく，ハクジラの一部であるマッコウクジラの仲間からヒゲクジラが進化したという新しい見方を提唱したのである．

　これに対し，スウェーデン，ルンド大学のÁrnason and Gullberg（1994）は，mtDNA（ミトコンドリアDNA）のチトクロームb遺伝子の全領域（1,140塩基対）を用いてクジラ類系統樹の推定を行った．その結果は，なんとMilinkovitchらのものとも従来の形態学的分類とも異なる新たな系統樹を提案した（図1-5）．彼らは，ヒゲクジラとイルカ類がより近縁であると主張したのである（図1-6）．

　この論争に，世界的にも著名な日本の長谷川政美教授（統計数理研究所）らも加わり，長谷川教授らは，Árnasonらの分析を検証し，Milinkovitchらの主張が合理的であるとした（図1-7）．すなわち，マッコウクジラはヒゲクジラ類と近縁であることが妥当であるとした（長谷川・岸野, 1996; 長谷川・足立,

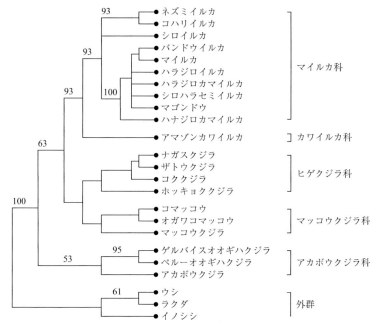

図1-4 Milinkovitch の系統樹

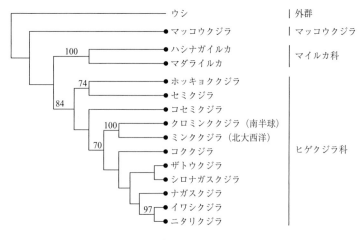

図1-5 Árnason らの系統樹

1996）．

マッコウクジラとヒゲクジラ類では，その外部形態，特に歯を持つか持たないか，頭蓋の左右対称性，そして生理学的にエコーロケーション（音響定位）の発達などいくつか大きな違いがある．ただし，最近ハクジラのみが持ち，エコーロケーションに重要な役割を果たすメロンと呼ばれる油脂がつまった頭部の器官が，ヒゲクジラ類にも痕跡的に存在することが明らかにされつつある．また，ハクジラ類の鼻孔はマッコウクジラも含めて1つであり，ヒゲクジラは2つであるが，マッコウクジラの内部では鼻孔から続く管が2本に分かれヒゲクジラと同様に鼻道が頭蓋骨を貫いている．これらは，マッコウクジラはヒゲクジラに近いという説を支持する（Milinkovitch *et al.*, 1993；Berta, 1994）．

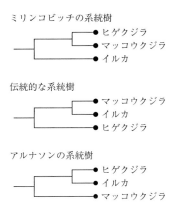

図1-6 クジラ目のなかの系統関係に関する3つの仮説

── Note ──

分子進化：ある生物がその元になるものから分岐して独自の進化をはじめると，そのDNAの塩基配列は徐々にもとの配列と異なっていく．この塩基が置換する速度は，比較的一定であり，2種間のDNAの塩基配列の違いがどれくらいかを調べれば，それらがいつ頃分岐したのかが推定可能となる．このように，2種間の違いは分岐してからの時間の経過につれて増大し（発散的進化，divergent evolution），機能や形態に比べ分子レベルでは収斂進化（別々の系統に属する生物でも似た環境に生息してきたものはお互いに似てくる）はあまり見られない．進化の過程で起こるDNAや塩基置換やタンパク質のアミノ酸置換の多くは，自然選択の基準で中立的であり，分子進化が基本的には発散的で分子データの系統学で用いる上で非常に都合がよい．形態レベルでは系統によって進化速度がまちまちであるのに対して，分子レベルではそれが比較的一定である．このことは，分子時計と呼ばれ，この性質のおかげで，分子レベルで似たもの同士は系統的にも近縁であることが通例である．

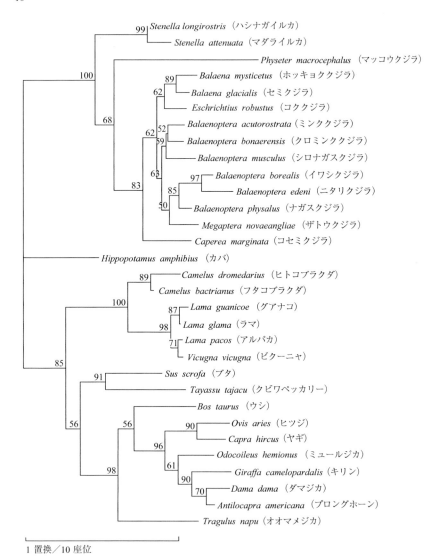

図1-7 長谷川らの系統樹
クジラと偶蹄類のチトクロームbの最尤系統樹(長谷川・足立, 1996; 長谷川・岸野, 1996).

1・4 クジラ類の放散

クジラ類の種分化と放散や分散に関して，地理的隔離を主因とする地理的要因を重視するか，浮動的な環境要因を重視するかといった論争は絶えないが，クジラ類の場合，海洋への適用が十分ではなかった進化の初期には地理的要因がクジラ類の分化や放散に影響を与えていたものの，高度な遊泳能力を備えてからは，主に環境要因が分散，そして分布を規定する要因となったと考えられる．

1・4・1 テチス海の拡大と縮小

図 1-8 に新生代初期におけるクジラ類の地史的な地理的分散の模式図を示した．

ムカシクジラ類は，始新世における西テチス海の拡張に伴い若干拡散したものの，その化石はテチス海周辺部だけに限られていた．漸新世後半までに初期のゾイグロドン類など古いムカシクジラ類は絶滅し，より特殊化したクジラ類はその後個体数を縮小する方向に向かったが（漸新世の地層からはあまりクジラ類の化石が出現しないことからこのような見方がされている），これらのクジラ類は比較的限定された水域にだけ住み着くことができたと考えられている（Whitmore and Sanders, 1976）．すなわち，比較的初期に生存していた暖海性のムカシクジラ類と初期のハクジラ類の仲間は，始新世に引き続いた冷たい水温の状況下では，うまく生活できなかったと考えられている（Gaskin, 1982）．

南アメリカが南極大陸から最終的に分離したのは始新世の 5,500 万年前で，南極大陸からオーストラリアが分離したのは約 4,300 万年前と考えられている．それによって南大洋が南極大陸の周りに生まれ，引き続いて南極周極海流が生まれてくることになる（Fordyce, 1977）．この周極的南大洋の出現とテチス海の衰退，中央アメリカを南北に分断する浅海のカリブ海の出現が，初期のクジラ類の分散に重要な役割を演じた（図 1-8）．ムカシクジラ類の中のドルドン科（Dorudontidae）の仲間は，始新世までに今日の米国テキサスとルイジアナ州まで侵入し，始新世の終わりには中央アメリカを越えて太平洋沿岸に達し，その後，北方へ拡大したと考えられている．また，クジラ類のなかで寒冷適応した種類は，アメリカ最南端の冷水域に侵入することが可能となった．そして，南端を越えてアメリカ大陸の西側に至ることのできたクジラ類は，水深が深く，島とそれに伴う浅海部のない東熱帯および広大な亜熱帯太平洋に遭遇した．この深く広

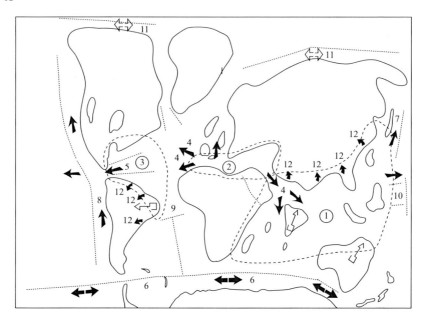

図1-8 新生代初期における陸地とクジラ類の分散の模式図（Gaskin, 1982）
破線と円中の数字は，主な水域を表している：① 東テチス海（Indo-Pacific core），② 西テチス海，③ 大西洋-テチス海外辺．
数字は，クジラ類の分散の過程を示す．
4：ゾイグロドン類と初期のハクジラ類の分散経路．
5：新生代に1回以上開いたパナマ海と太平洋への地峡．
6：南大洋の出現と始新世初期にオーストラリアが南極大陸から分離し西風皮流の発達に伴いクジラ類が放散した．
7：インド-太平洋間のクジラ類がこの黒潮暖水海流経路によって西太平洋域へ進入できた．
8：新生代後期に熱帯東太平洋への一時的冷水域の回廊，この回廊が一つの半球から他の半球へ寒帯-温帯のクジラ類が移動分散することを導いた．
9：熱帯大西洋にはこのような冷水域の回廊が存在しなかったために，冷水性のクジラ類の移動拡散や交流が妨げられた．
10：中央太平洋が深く広大であったことが沿岸性のクジラ類の分散の障壁となった．
11：新生代の温暖期には北極域が開放され，周極的分散の経路が開かれた．
12：ガンジスカワイルカ，アマゾンカワイルカ，カワゴンドウによる淡水への二次的侵入．

大な海洋は，テチス海に分布していた沿岸性あるいは淡水性の残存型クジラ類の移動に対して効果的な障壁として働いた（Davies, 1963）．そして，アメリカ大陸西側に至った沿岸性のクジラ類にとって，唯一の適した水域は，カリフォ

ルニア湾とカリフォルニア半島周辺であった．一方，冷水への適応とともに外洋性の餌との結びつきを獲得した仲間は，次第に温帯・寒帯の外洋域へと進出した．

なお，テチス海の起源に近いインド－太平洋区と呼ばれる水域では多くの淡水性・汽水性・沿岸性のクジラ類（カワイルカ類，カワゴンドウ，スナメリなど）が現在でも生息しており，テチス海－大西洋周辺水域でもカワイルカ類が現存している．

1・4・2　クジラ類の分散－反熱帯／汎熱帯分布

一方，漸新世後半から中新世にかけて，原始的スクアロドン（Squalodontidae）の仲間は，ヒゲクジラ類の先祖であるセトセリ類と同様にかなり拡散分布していた．この時代は，種の増加より分布範囲の拡大が特徴とされている．

最初のヒゲクジラは現在のニュージーランドやタスマン海にかけた西南太平洋で発展し分散したと考えられている．ニュージーランドの漸新世の地層には，動物プランクトンが豊富に堆積していること，そして中初期漸新世の湧昇域に真のヒゲクジラの先祖と考えられているセトセリ類のMauicetusの仲間の化石が出現していることから，Fordyceはクジラヒゲ板を持ち，ろ過した餌を食べる生活をするクジラ類の進化は，比較的浅いキャンベル海山の上の高い一次生産とそれに続く動物プランクトン（二次生産）の発生によってもたらされたと示唆している．一方，ヒゲクジラ類の主要な仲間であるナガスクジラ類は，北大西洋の温帯－亜熱帯海域で発展したことが示唆されている（Gaskin, 1982）．ハクジラ類では，インド洋を中心とした南半球の温帯域が進化の中心であったと考えられている．また，新生代後期に熱帯大西洋に南と北を結ぶ冷水域の回廊がなかったことが，北大西洋への冷水性ハクジラ類の進入を促進させず，結局北大西洋において，南半球で出現するアカボウクジラ類の多様な種がいない理由であり，それがハクジラ類の南半球起源説の支持へとつながっている．

クジラ類が南北両半球の温帯海域に侵入すると，種々の段階の個体群の棲み分け，種形成あるいは亜種形成が行われたと考えられる．あるグループは冷水への適応をさらに遂げ（後期中新世），南北両極周辺で生活領域を設定しはじめた．これは第三紀あるいは更新世の出来事の結果であり，この棲み分けは反熱帯分布（antitropical distribution）と呼ばれている（Davies, 1963）．また，両半球の熱帯から温帯にかけての生息領域に適応した種（例えばスジイルカの仲間）の

分布は，汎熱帯分布（pan-tropical distribution）と呼ばれている．なお，冷水域に適応した種にとって，熱帯は障壁となり，結果的に反赤道域でのさらなる種の分化につながったと考えられる．なお，クジラ類の進化に関してはごく最近よい参考書（Marine Mammals: Evolutionary Biology, Berta, A. and Sumich, J. L., Academic Press, 1999）が出たので参考にしてほしい．

1・5　現生のクジラ類とその特性

現生のクジラ類は，2亜目13科（ハクジラ亜目9科とヒゲクジラ亜目4科）からなっている．クジラ類の分類はRice（1998）とIWCにしたがった（*J. Cetacean Res. Manage.* 1:XV-XVI, 1999）．なおこの中には，最近新種として認められたアカボウクジラ科クジラ類（Family Ziphiidae）のペルーオオギハクジラ（ピグミーオオギハクジラ）pygmy beaked whale *Mesoplodon peruvianus* も入っている．現生種の特性は以下の通り．

1・5・1　ヒゲクジラ亜目　Suborder Mysticeti
(1) セミクジラ科　Family Balaenidae
セミクジラ　Northern right whale *Eubalaena glacialis*
ミナミセミクジラ　Southern right whale *Eubalaena australis*

体長15〜18 m．体重約50トン．90トンに達する場合がある．2.5 m前後のヒゲ板を220〜260枚有する．頭部が全体の1/4に達する．胸ビレも大きく角形，背ビレがなく，噴気がV字型になる．南半球と北半球の本種は亜種と考えられているが，特に大きな外部形態の違いはない．ただ，ミナミセミクジラの下唇の上縁に沿ってこぶ状隆起がある．頭上の噴気口周辺，下あごの先端，目の上

部に寄生性の甲殻類が作った一連のこぶ状隆起があり，これが個体によって異なるので，個体識別に利用される．季節的に南北移動を行うが，ザトウクジラなどのような規則的で大規模な回遊はしない．餌は，狭食性であり，ほとんど動物プランクトンのコペポーダ．最近の調査から，ミナミセミクジラの生息頭数は，現在約7,000頭で年率6.8％で増加していることが示されている．

ホッキョククジラ　Bowhead whale *Balaena mysticetus*

体長15.0〜18.5 m．体重は約60〜80トン．ヒゲ板の長さは3.6 mに達する．230〜360枚のヒゲ板．ベーリング海・チュクチ海・ビューフォート海系と大西洋側のバフィン湾・デービス海峡系群がよく知られているが，その他ハドソン湾・フォックス湾系群，そしてオホーツク海系群，スピッツベルゲン（グリーンランド・バレンツ海）系群が存在する．沿岸性．ベーリング海・チュクチ海・ビューフォート海系の個体群の最近の資源量は，約8,200頭（95％信頼限界7,200〜9,400，IWC, 1997）．米国のイヌイットが年間約60頭捕獲している．餌は，小型・中型の動物プランクトン．夏に北上し，冬には海氷の南岸付近で越冬するが周年北極域で生活する．

(2) コセミクジラ科　Family Neobalaenidae

コセミクジラ　pygmy right whale *Caperea marginata*

体長5〜6.4 m．体重3〜3.5トン．ヒゲ板の数は約230枚．背ビレがあり鎌状．観察が難しく，分布・個体数や生態はほとんどわかっていない．南半球の中緯度水域の水温5℃から20℃の範囲に分布している．外洋性．下の写真は貴重な本種の遊泳写真（Matsuoka *et al.*, 1994）．

(3) ナガスクジラ科　Family Balaenopteridae

シロナガスクジラ　Blue whale *Balaenoptera musculus*

　体長は通常24〜28 mで30 mに達する個体も報告されている．体重は170トンに達する．260〜400枚のヒゲ板を有する．腹部に55〜68本のうね（畝）がある．赤道域から極域まで分布し，南北回遊する．外洋性．狭食性で餌は，オキアミ類といった動物プランクトン．南半球には，本種の亜種として小型のピグミーシロナガスクジラ（*B. musculus brevicauda*）が分布している．捕鯨により資源は枯渇したが最近北大西洋などで回復の兆候が報告されている．

ナガスクジラ　Fin whale *Balaenoptera physalus*

　体長は18〜25 mで，体重は約80トンに達する．260〜480枚の黒灰色のヒゲ板を有するが右側前方は白色．喉からあごにかけては左右対称．右側の唇からあご下部にかけて白色，左側はすべて黒灰色．腹部に56〜100本のうねがある．赤道域から極域まで分布，ただしシロナガスクジラより高緯度へは回遊しない．外洋性．餌は，オキアミ類やコペポーダといった動物プランクトンから魚類まで比較的幅広い．西グリーンランドで年間約10頭ほど捕獲されている．

イワシクジラ Sei whale *Balaenoptera borealis*

体長は 12 〜 17.5 m（雄），12.7 〜 21.0（雌）で体重は 30 トンに達する．300 〜 410 枚のヒゲ板．腹部に 32 〜 60 本のうね．背ビレは，他のナガスクジラ科のクジラより直立している．極域以外の全海洋．外洋性．広食性が強く，動物プランクトン，魚類，イカ類などを摂食．

ニタリクジラ Bryde's whale *Balaenoptera edeni*

体長は 12.4 〜 14.0 m で体重は約 25 トン．ヒゲ板は 250 〜 370 枚で短く粗い．腹部に 40 〜 50 本のうね．頭部の 3 本の稜線が特徴．温暖域に分布し，南北回遊する．外洋性．北太平洋での本種の個体数は，日本の調査により 23,136 頭(95% 信頼限界 15,017 〜 32,629) と推定されている．動物プランクトンも摂食するが，主要な餌は群集性の魚類である．

ミンククジラ Minke whale *Balaenoptera acutorostrata*

体長は 7 〜 11 m，体重は 11 トンになる．230 〜 360 枚のヒゲ板．腹部に 50 〜 70 本のうね．北半球の個体は，左右の胸ビレに白いバンドを持つ*．赤道か

ら極域までの沿岸の湾や内海から外洋まで幅広く分布．極めて広食性で動物プランクトンから魚類・イカ類まで摂食し，それぞれの回遊先の豊富な餌資源を利用．北半球では通常1頭であるが南極海の場合は100頭を超える群れをなすこともある．南半球の個体は明瞭な南北回遊をするが，北半球では回遊の様子がはっきりしない．南半球の資源量は，約76万頭（1980年代）．

北半球のミンククジラ（根室海峡，写真提供 佐藤晴子氏）

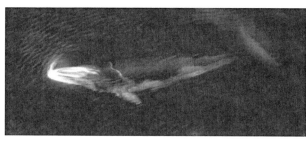

南半球のクロミンククジラ（南極海）

ザトウクジラ　Humpback whale *Megaptera novaeangliae*

体長は11〜15 mで体重は65トンになる．270〜400枚のヒゲ板．腹部には14〜35本のうね（ナガスクジラ科では最も少ない）．胸ビレは長く体長の1/3になる．背ビレは特徴的でこぶ状．尾ビレの裏側は白黒模様があり，この模様が個体によって異なり個体識別に使われている（写真）．繁殖期に雄が出す音が「クジラの歌」として有名．餌は動物プランクトンとニシンなど群集性の魚類．本種のバブルネットフィーディングも有名．すべての海洋に広く分布する．北太平洋，南北大西洋，オーストラリアの東と西の海域で資源の顕著な回復が報

＊ 現在，南半球の集団の大多数は別種のクロミンククジラ（*B. bonaerensis*）とされている．

告されている．北太平洋では約6,000頭（ハワイ周辺4,000，小笠原・沖縄400，メキシコ周辺1,600）．カリブ海のセントビンセント・グレナダで年間2頭程度捕獲されている．

(4) コククジラ科　Family Eschrichtiidae

コククジラ　Gray whale *Eschrichtius robustus*

　体長11.1～14.3 m（雄），11.7～15.2 m（雌）．体重約16トン（雄），30～35トン（雌）．130～180枚のヒゲ板．背ビレはないが尾柄部にこぶの連続がみられる．体全体の皮膚にフジツボが付着している．ナガスクジラ類のように喉部にうねはないが，2～5本にヒダがある．北太平洋（オホーツク海を含む）と極域（夏）の沿岸に分布している．餌は，底生性のヨコエビ類（小型甲殻類）．最も長い回遊をする．東太平洋系群と西太平洋系群に分かれ，東太平洋系群は初期資源水準まで回復している可能性がある．現在東太平洋系群の推定個体数は，22,571（95％信頼限界20,400～25,000，IWC，1997）．ロシアの極東で年間約

80〜140 頭捕獲されている．また，近年カナダ太平洋岸のイヌイットに年間 10 頭の捕獲が許可されている．

1・5・2　ハクジラ亜目　Suborder Odontoceti
(1) マッコウクジラ科　Family Physeteridae
マッコウクジラ　Sperm whale *Physeter macrocephalus*

ハクジラ中最大の種．体長は雄で 18 m，雌で 12 m になる．体重は雄で約 45 トン，雌で 14 トン．頭部は巨大で全長の 25〜30％を占め，内部に脳油を持つ．下あごに 18〜25 本の同歯性の歯がある．雌を中心とした群れは赤道から中緯度まで，若い雄の群れは赤道から高緯度まで，そして大型の単独雄は，赤道から極域まで分布する．主にイカを摂食するが，まれに底生性の魚類なども摂食することがある．単独雄は，かなり南北移動をする．

(2) コマッコウ科　Family Kogiidae
コマッコウ　pygmy sperm whale *Kogia breviceps*

体長 2.7〜3.4 m で体重は 300〜400 kg．下あごにのみ 12〜16 対（時に 10〜11 対）の細く先が尖った歯を持つ．歯の長さが 3 cm 以上，直径 4.5 mm 以上であればコマッコウである．全世界の温帯・亜熱帯・熱帯に分布．イカが主であるがその他魚類や大型甲殻類も摂食する．

オガワコマッコウ　dwarf sperm whale *Kogia simus*

体長 2.1〜2.7 m で体重は 130〜270 kg．頭の形はサメに似ている．下あごに 7〜12 対（まれに 13 対）の歯を持つ．外部形態は，コマッコウと識別は困難．

中緯度に分布．日本沿岸にも座礁の記録がある．洋上でコマッコウ科の同定は難しい．イカ，魚類，大型甲殻類を摂食する．

(3) カワイルカ科
Family Platanistidae（ガンジスカワイルカ科）
インダスカワイルカ　Indus river dolphin *Platanista minor*
ガンジスカワイルカ　Ganges river dolphin *Platanista gangetica*

インダスカワイルカとガンジスカワイルカの間には頭骨と分布域に差があるがその生態はほとんど同じと考えられている．体長は 2.5 m，体重 90 kg に達する．27～33 対の歯を持つ．体長の 1/5 にもなる細く長いくちばし（吻）を持つ．海産哺乳類の中で唯一眼に水晶体（レンズ）がない．インダス，ガンジス両河川の上流に分布し海には出ないと考えられている．餌は主に魚類と甲殻類．

Family Lipotidae（ヨウスコウカワイルカ科）
ヨウスコウカワイルカ　Baiji *Lipotes vexillifer*

体長は 2～2.5 m で体重 230 kg になる．他のカワイルカ類と同様に丸い頭部とそこから突き出た長く細いくちばしを持つ．上下あごの左右にそれぞれ 30～35 本の円錐形で同じ大きさの歯を持つ．揚子江（長江）水系の中流と下流域に主に生息．長江の開発と過去の乱獲により現在最も絶滅に近い種とされ，現在の個体数は 150 頭以下と考えられている．餌はナマズなどの魚類（写真提供　佐藤晴子氏）．

Family Pontoporiidae（ラプラタカワイルカ科）
ラプラタカワイルカ　Franciscana *Pontoporia blainvilei*

体長は 1.7 m，体重 50 kg．他のカワイルカ類同様に細長いくちばしを持つ．

細く先が尖った歯を上下あごの左右にそれぞれ 50 〜 60 本持つ．ブラジル南部からウルグアイ，アルゼンチン北部の南アメリカ東部の温暖な沿岸域に分布する．魚類・頭足類（イカ・タコ類）やエビ類などを摂食する．

Family Iniidae（アマゾンカワイルカ科）

アマゾンカワイルカ　Boto *Inia geoffrensis*

体長は 3 m, 体重 160 kg になる．上下に 24 〜 34 対の歯を持つ．前歯は円錐状，奥歯は臼状．くちばしは長く，背中に基底部の長い隆起部がある．南米のアマゾン川，オリノコ川とベニ川流域に分布する．餌は魚類が主である．本種では，くちばしの先で餌を捕えたあと，口の奥へ送り，そこで噛み砕いて胃に送り込むと考えられている．

(4) イッカク科　Family Monodontidae

イッカク　Nawhal *Monodon monoceros*

体長 4 〜 5 m で体重は 1,600 kg になる．成長した雄には，上あごの 2 本の歯のうち 1 本が伸びて形成された約 1.5 〜 3.0 m に達する牙がある（2 本ある個体もまれにある）．生まれた時は全身灰色であるが，成長するにしたがい，体色は斑模様となる．北極域に生息．餌はホッキョクダラなどの底性魚類や頭足類・甲殻類．主にカナダのバッフィン湾，デービス海峡が有名．北極海およびその周辺の資源量は 28,000 頭と推定され，カナダのイヌイットにより捕獲されている．

シロイルカ（ベルーガ）White whale *Delphinapterus leucas*

体長 3 〜 5 m で体重は 1,500 kg になる．上あごに 8 〜 11 対，下あごに 8 〜 9 対の歯を持つ．体色は，生まれたばかりは白色あるいは白桃色であるが成長するにしたがい灰白色になる．体全体，特に首にあたる部分は非常に軟らかくしなやかに動く．北極域に生息．主にカナダのバッフィン湾，デービス海峡に多く生息する．北極海とその周辺の資源量は約 55,000 頭と推定され，カナダのイヌイットにより捕獲されている．

(5) ネズミイルカ科　Family Phocoenidae

本科のイルカ類には，いわゆるくちばしがない．英語ではポーポイズ (porpoise) と呼ばれ，くちばしを持つイルカ類はドルフィン（dolphin）と呼ばれている．また，本科のイルカ類は，スペード状の歯を有する．くちばしを持つイルカ類は，歯で獲物を捕まえ，そのまま飲み込むが，本科のイルカ類は獲物を捕まえたあ

と一部噛み砕く可能性が指摘されている．

メガネイルカ　Spectacled porpoise *Australophocoena*（*Phocoena*）*dioptrica*

体長 1.5 〜 2.2 m で体重約 80 kg．スペード状の歯を上あごに 18 〜 23 対，下あごに 16 〜 19 対持つ．本種は南半球の南アメリカ大陸沿岸とニュージーランド−タスマン海周辺の中−高緯度に分布していると思われるが，その正確な分布や生態はわかっていない．

本種のめずらしい写真．体長に比べて大きな背ビレが特徴

イシイルカ　Dall's porpoise *Phocoenoides dalli*

体長 1.8 〜 2.1 m で体重は 220 kg になる．上下のあごに 19 〜 29 対のスペード型の歯を持つ．背ビレと尾ビレの後ろが白い．北太平洋の中高緯度に分布．日本沿岸では，体色の異なる 2 つの系群がある．腹側の白い部分は背ビレの下までしか広がらないイシイルカ型イシイルカ（dalli-type）と白色部が胸ビレまで広がっているリクゼンイルカ型イシイルカ（truei-type）がある．イシイルカ型は

冬期日本海で繁殖を行い摂食のために一部太平洋側やオホーツク海に出る．一方，リクゼンイルカ型は，冬期三陸などで過ごし，その後オホーツク海や北太平洋北部へも分布する．北太平洋に5つの異なる繁殖群がある可能性が指摘されている．餌は，頭足類や魚類．北太平洋で約118万頭と推定されている（写真提供宮下富夫氏）．

ネズミイルカ　　Harbour porpoise *Phocoena phocoena*

体長1.8 m，体重65 kgになる．最も小型のイルカの仲間．世界中の亜寒帯から温帯の海に生息し，特に湾や入り江にも入り込む．日本では特に北海道沿岸での発見や定置網への混獲が多く報告されている．沿岸性と考えられていたが，著者は北大西洋のほぼ中央部で本種を視認した．東太平洋カリフォルニア中央部海域で，約3,300頭と推定されている．次の写真は根室海峡で観察された本種（佐藤晴子氏撮影）．White sharkやシャチに襲われることがある．

コハリイルカ　　Burmeister's porpoise *Phocoena spinipinnis*

体長1.8 m，体重70 kg．上あごに14〜16対，下あごに17〜19対のスペード状の歯を持つ．南アメリカ両岸の温帯・寒冷域の沿岸に分布．

コガシラネズミイルカ　　Vaquita or Cochito *Phocoena sinus*

体長1.5 mで体重55 kg．上あごに20〜21対，下あごに18対のスペード状の歯を持つ．本種の分布は，カリフォルニア湾北部の海域に限られる．ヨウスコウカワイルカとともに最も絶滅の危機に瀕した種．1994年の調査で224頭，1986年から毎年17％減少していると報告されている．

スナメリ　　Finless porpoise *Neophocaena phocaenoides*

体長1.8 mで体重45 kg．上下のあごに13〜22対のスペード状の歯を持つ．

背ビレはないが，背中中央から小さい隆起が尾ビレに向かってある．仙台以南の日本沿岸からイラン・パキスタンまでの沿岸に分布．餌は，魚類や頭足類・甲殻類．三重大学の白木原教授グループの精力的な調査から，日本沿岸における本種の分布がわかってきた．九州の有明海・大村湾・橘湾で約 3,200 頭と推定されている（写真提供　白木原国雄博士）．

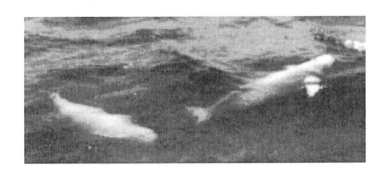

(6) マイルカ科　Family Delphinidae

シャチ　killer whale *Orcinus orca*

体長は雄で 9.5 m，雌で 7 m に達し，体重は雄で 5 トン，雌で 3 トンになる．上下に 10〜12 対，長さ 8〜13 cm の円錐状の歯を持つ．成熟した雄は，長い背ビレ（長さ 1.8 m に達する）を持つ．祖母，母，娘といった雌中心の群れを構成する．全海洋に分布．餌は魚類から海鳥，海産哺乳類まで（写真提供　佐藤晴子氏）．

コビレゴンドウ　short-finned pilot whale *Globicephala macrorhynchus*

体長は，雄で5.5 m，雌で5 mに達し，体重は雄で2.5，雌で1.3トン．上下あごにそれぞれ7～9対の杭状の歯を持つ．ヒレナガゴンドウに見られる頭部後ろと背ビレ背後に白い斑模様ははっきりしない．全海洋の温帯・寒帯海域に分布するが，ヒレナガゴンドウより暖水域に分布．太平洋では，マゴンドウ（南方系）とタッパナガ（北方系，胸ビレが長く，大型で雄は7.2 m，雌で6.2 m）の2つのグループがある．

ヒレナガゴンドウ　long-finned pilot whale *Globicephala melas*

体長は，雄で8.5 m，雌で6 mに達し，体重は雄で3.5，雌で2.5トン．上下のあごにそれぞれ8～12対の杭状の歯を持つ．頭部後ろと背ビレ背後に白い斑模様．北太平洋を除く温帯・寒帯海域に分布．餌は，イカなどの頭足類や魚類．

オキゴンドウ　false killer whale *Pseudorca crassidens*

体長は，雄で6 m，雌で5 mに達し，体重は1.4トンになる．上下のあごにそれぞれ8～11対の歯を持つ．全海洋の熱帯－亜熱帯域に分布．餌はイカ類や魚（マグロやカツオなど大型の魚類を含む）．

ユメゴンドウ　pygmy killer whale *Feresa attenuata*

体長2.5 mで体重170 kgになる．上あごに8～11対，下あごに11～13対の歯を持つ．分布はあまりよく知られていないが，特に南北太平洋とインド洋および北大西洋で観察される．外洋性．

カズハゴンドウ　melon-headed whale *Peponocephala electra*

体長2.7 mで体重160 kgになる．上あごに20～25対，下あごに22～24対の歯を持ち，ユメゴンドウよりかなり多い．分布はあまりよく知られていないが，全海洋の熱帯と亜熱帯水域に分布．外洋性．

ハナゴンドウ　Risso's dolphin *Grampus griseus*

体長3.8 mで体重400 kgになる．普通下あごにだけ7対の杭状の歯を持つ．加齢すると背中側の体色が白灰色になる．分布はあまりよく知られていないが，全海洋の熱帯－温帯水域に分布．沿岸－沖合性．主にイカ類を食べる．

マイルカ　common dolphin *Delphinus delphis*

体長2.4 m，体重85 kgになる．上下のあごにそれぞれ40〜55対の小さく先が尖った歯を持つ．背ビレは目立ち中央に灰白色部があることが多い．背部の灰黒色部は背ビレ直下で胸部から腹部にかけてのクリーム色部と交差し明瞭なV字をなす．高緯度海域を除く全海洋に分布する．最近くちばしの長いlong-beaked common dolphin（*D. capensis*）は亜種と考えられてきた．このくちばしの長い種は，東アメリカのベネズエラからアルゼンチンにかけて，西アフリカ（サハラからガボン），南アフリカ沿岸からマダガスカル沿岸そしてオマーンにかけて，韓国－台湾および日本の本州南部，ニュージーランド，カリフォルニア南部からペルーにかけて分布している．主に魚類とイカ類を餌とする．

スジイルカ　striped dolphin *Stenella coeruleoalba*

体長2.7 m，体重100 kgになる．上下のあごにそれぞれ45〜50対の鋭い歯を持つ．目の後方から脇腹に沿って肛門まで黒いすじが1本伸びる．全海洋の熱帯から温帯に分布．主に魚類とイカ類・甲殻類を餌とする．

マダライルカ spotted dolphin *Stenella attenuata*
タイセイヨウマダライルカ Atlantic spotted dolphin *S. frontalis*

体長 2.5 m, 体重 110 kg になる. 上あごに 29 〜 34 対, 下あごに 33 〜 36 対の鋭い歯を持つ. 成長すると体に斑点が現れる. 多くの地理的変異が知られている. 沿岸型と沖合型に分けられ, 一般的に沿岸型の方が体が大きい. 北太平洋, 南北大西洋（タイセイヨウマダライルカ）およびインド洋の熱帯から温帯に分布. 主に魚類とイカ類を餌とする.

ハシナガイルカ spinner dolphin *Stenella longirostris*
クライメンイルカ short-snouted spinner dolphin *S. clymene*

体長 2.2 m, 体重 75 kg になる. 上下のあごにそれぞれ 45 〜 65 対の鋭い歯を持つ（クライメンイルカは 38 〜 49 対）. くちばしが長くスリム. スピニングをすることが多い. 5 つの地域個体群, イースタン型, コスタリカ型, ホワイトベリー型, ハワイ型, そして亜種と考えられているクライメンイルカが報告されている. 全海洋の熱帯から温帯に分布し外洋性. 主に魚類とイカ類を餌とする.

バンドウイルカ bottlenose dolphin *Turisips truncatus*

体長 3.9 m, 体重 275 kg になる. 上下のあごにそれぞれ 36 〜 49 対の歯を持つ. 背部は黒色で腹側のみ灰白色. 水族館の主役. 全海洋の熱帯から温帯にかけて分布するが, 小笠原水域など日本沿岸では, くちばしが細長く体長も小型の沿岸型（成長すると体に斑点が現れる）(aduncus 型) と大型でくちばしが短い沖合型 (truncatus 型) があると報告されている. 主に魚類とイカ類を餌とする. 東熱帯太平洋に約 24 万頭, 北西太平洋に約 32 万頭と推定.

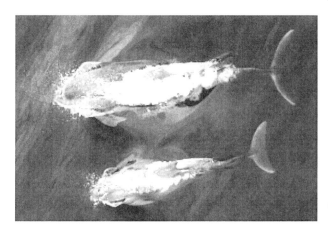

バンドウイルカの親子
（aduncus 型）

セミイルカ　northern right whale dolphin *Lissodelphis borealis*
　体長 3.1 m に達する．体重は通常約 70 kg．上下のあごにそれぞれ 18 〜 26 対の歯を持つ．全体に灰褐色か灰黒色で，腹側が少し白い．背ビレを持たない．北太平洋の温帯から寒帯にかけてのみ分布する．主に魚類とイカ類を餌とする（写真提供　藤瀬良弘博士）．

シロハラセミイルカ　southern right whale dolphin *Lissodelphis peronii*
　体長 3 m に達する．上下のあごにそれぞれ 44 〜 49 対の歯を持つ．全体に灰黒色で，腹側，口の周りと胸ビレが白い．南半球の中緯度から高緯度にのみ分布する．主に魚類とイカ類を餌とすると考えられている．

サラワクイルカ　Fraser's dolphin *Lagenodelphis hosei*

体長2.6 m, 体重200 kgになる．上下のあごにそれぞれ34〜44対の歯を持つ．カマイルカ類とマイルカの両方の性質を持つ．くちばしは短い．目から肛門にかけて幅の広い黒灰色の帯状模様が見られる．マレーシアのサラワク州で標本が採取されたのでこの名がある．全海洋の熱帯域に分布する．

シワハイルカ　rough-toothed dolphin *Steno bredanensis*

体長2.8 m, 体重は約120 kgに達する．上下のあごにそれぞれ20〜27対の歯を持つ．他のイルカ類の歯と異なり，本種の歯の歯冠部にはたくさんの細かい縦皺がある．背側は灰黒色で，側面が灰色がかった黄白色．全世界の熱帯から温帯にかけて分布する．外洋性．主に魚類と頭足類を餌とする．

カワゴンドウ　Irrawaddy dolphin *Orcaella brevirostris*

体長2.5 m, 体重100 kgになる．上のあごに12〜19対，下あごに12〜15対の歯を持つ．体色は，全体に灰白色から灰桃色．背ビレは小さく低い．くちば

しはない．シロイルカを小型にした体型．熱帯のインド洋－太平洋域に分布する．沿岸性で河口や汽水域にも分布し，川に遡ることがある．

コビトイルカ　tucuxi *Sotalia fluviatilis*

体長 1.9 m，体重 45 kg になる．上下のあごにそれぞれ 26 〜 35 対の歯を持つ．南アメリカ北東部，中央アメリカ東部の河川，河口域および沿岸域にのみ分布する．

シナウスイロイルカ　Indo-Pacific humpbacked dolphin *Sousa chinensis*

ウスイロイルカ　Atlantic humpbacked dolphin *S. teuszii*

体長 2.8 m，体重 285 kg になる．上下のあごにそれぞれ 30 〜 35 対（シナウスイロイルカ），27 〜 31 対（ウスイロイルカ）の歯を持つ．背中の中央部に大きな隆起部がありその上に小さな背ビレがある．西アフリカ（ウスイロイルカ）とインド洋－太平洋（シナウスイロイルカ）熱帯域の沿岸水域に分布．

ハナジロカマイルカ　white-beaked dolphin *Lagenorhynchus albirostris*

体長 3.1 m に達し，体重は 300 kg を超える．上下のあごにそれぞれ 22 〜 28 対の歯を持つ．くちばしは太く短く灰白色．背ビレの前方下部から肛門近くへ伸びる灰白色の模様がある．北部北大西洋のみに分布する．魚類と頭足類を主食とし底性甲殻類も餌とする．

タイセイヨウカマイルカ　Atlantic white-sided dolphin *L. acutus*

体長 2.7 m に達し，体重 230 kg．上下のあごにそれぞれ 29 〜 40 対の尖った歯を持つ．くちばしは太く短い．背ビレの前方下部から肛門へ伸びる細い灰白色の帯状模様と尾柄の左右に黄灰色の帯がある．北部北大西洋のみに分布する．魚類と頭足類を主食としエビなど甲殻類も餌とする．

ハラジロカマイルカ　dusky dolphin *L. obscurus*

体長は 2.4 m に達する．体重は通常約 80 kg．上下のあごにそれぞれ 24 〜 36

対の歯を持つ．くちばしははっきりしない．鎌状の背ビレ．くちばし上部から腹側にかけての白い帯状模様と背ビレ下部の2本（上側は薄く細い）の白い帯が特徴．南半球の中・高緯度にのみ分布する．魚類や頭足類を餌とする．

カマイルカ　Pacific white-sided dolphin *L. obliquidens*

体長2.5 m，体重は約150 kgになる．上下のあごにそれぞれ21～28対の歯を持つ．くちばしは太く短い．鎌状の背ビレ，中央部が白い．背中は灰黒色で2本の帯状の白色模様が頭部から尾柄の近くまで伸びる．ベーリング海とオホーツク海北部を除く北太平洋の中・高緯度にのみ分布する．北太平洋で約90万頭．

ダンダラカマイルカ　hourglass dolphin *L. cruciger*

体長1.8 m，体重は約100 kgになる．上下のあごにそれぞれ約28対の歯を持つ．くちばしは太く短い．鎌状の背ビレ．体側に砂時計に似た白色部を持つ．南半球の高緯度にのみ分布する．

ミナミカマイルカ　Peale's dolphin *L. australis*
　体長 2.2 m．上下のあごにそれぞれ約 30 対の歯を持つ．くちばしは太く短い．鎌状の背ビレ．体側に目の後方から腹にかけてと背ビレ下から尾柄部に白色帯状部が走る．南アメリカ南部沿岸とフォークランド諸島周辺にのみ分布する．

　セッパリイルカ　Hector's dolphin *Cephalorhynchus hectori*
　体長 1.6 m，体重は通常約 40 kg．上下のあごにそれぞれ約 26 〜 32 対の歯を持つ．くちばしはない．背ビレは丸く大きい．ヒレと頭は灰黒色であるがそれ以外は成長すると灰白色になる．ニュージーランド周辺の沿岸域にのみ分布する．

　ハラジロイルカ　black dolphin *C. eutropia*
　体長 1.6 m，体重は通常約 45 kg．上下のあごにそれぞれ約 30 〜 31 対の歯を持つ．くちばしはない．背ビレは丸い．全身灰黒色であるが，腹部は灰白色．チリの沿岸域にのみ分布する．

　イロワケイルカ　Commerson's dolphin *C. commersonii*
　体長 1.7 m，体重は通常約 50 kg．上下のあごにそれぞれ約 29 〜 30 対の歯を持つ．くちばしはない．背ビレは丸い．頭部後方から腹部の肛門部にかけて白色部が広がる．日本でも水族館で見られる．西部南大西洋と南アメリカ南部沿岸とフォークランド諸島とサウスジョージア島周辺，インド洋のケルゲレン諸島近海に分布する．

　コシャチイルカ　Heaviside's dolphin *C. heavisidii*
　体長 1.4 m，体重は通常約 40 kg．上下のあごにそれぞれ約 25 〜 30 対の歯を持つ．くちばしはない．背ビレは三角．胸ビレから腹部の肛門部にかけて白色部が広がる．肛門も周りの白色部の広がりが明瞭．アフリカ南西部の沿岸域にのみ分布する．

(7) アカボウクジラ科　Family Ziphiidae
　アカボウクジラ　Cuvier's beaked whale *Ziphius cavirostris*
　体長雄 6.7 m，雌 7 m で体重は 5 〜 6 トン．下あごの先端に円錐状の歯が 1 対ある（雌は埋もれている）．前頭部はなだらかに傾斜し，くちばしはない．成長すると体色が灰褐色になる．極域を除く全海洋に分布する．頭足類と深海性の魚類が主な餌．

　ツチクジラ　Baird's beaked whale *Berardius bairdii*
　体長雄 11.9 m，雌 12.8 m で体重は約 13 〜 15 トン．前頭は槌の先状でその先

にイルカのようなくちばしがある．下あごの先端に円錐状の歯が2対あり，成長すると前の1対が露出する．北太平洋の中高緯度に分布する．底生性の頭足類や魚類が主な餌．日本の太平洋側水域で約5,700頭という推定値がある．

ミナミツチクジラ　Arnoux's beaked whale *Berardius arnuxii*
　体長雄9～9.8 mで体重は約10トン．ツチクジラより小型．前頭は槌の先状でその先にイルカのようなくちばしがある．下あごの先端に円錐状の歯が2対ある．分布はよくわかっていないが，南半球の高緯度（極域を含む）に分布する．南極大陸の氷縁でも発見される．生態に関してはほとんどわかっていない．

キタトックリクジラ　northern bottlenose whale *Hyperoodon ampullatus*
　体長9.8 mで体重は約7.5トン（雄）に達する．前頭部は丸くその先に太く短いくちばしがある．下あごの先端に円錐状の歯が1対ある．北大西洋の温帯から北極域にかけて分布する．餌はイカ類が主であるが魚類も食べる．

ミナミトックリクジラ　southern bottlenose whale *H. planifrons*
　体長7.5 mで体重は約6～7トンに達する．キタトックリクジラより小型だが

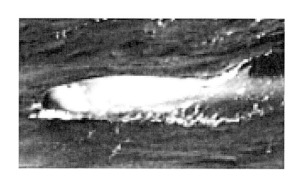

外形はほぼ同じ．前頭部は丸くその先に太く短いくちばしがある．下あごの先端に円錐状の歯が1対ある．南半球の高緯度から南極域にかけて分布する．南大洋に約60万頭生息する．

イチョウハクジラ ginkgo-toothed whale *Mesoplodon ginkgodens*

体長5.2 m．前頭部はなだらかに傾斜しその先にくちばしがある．下あごの先端に向け約2/3のところに銀杏の葉の形をした歯が1対ある．インド－太平洋域の熱帯から温帯にかけて分布する．日本沿岸太平洋岸での座礁が多い．

オオギハクジラ Stejneger's beaked whale *M. stejnegeri*

体長5～6 m．前頭部はなだらかに傾斜しその先にくちばしがある．下あごの先端に向け約2/3のところに三角形をした歯が1対ある．この歯はそれぞれ内側に向かって湾曲している．この歯の周りに寄生虫が付いていることがある．北部太平洋の中高緯度にかけて分布する．日本沿岸では特に日本海側で座礁や目視の情報が多い．

ハッブスオオギハクジラ Hubb's beaked whale *M. carlhubbsi*

体長5.3 mで体重は約1.5トン．前頭部はなだらかに傾斜しその先にくちばしがある．下あごの先端に向け約2/3のところに銀杏の葉の形をした歯が1対ある．成長すると噴気口全部に白いふくらみができる．北太平洋の温帯－寒帯に分布する．静岡・宮城で観察された記録がある．

コブハクジラ Blainville's beaked whale *M. densirostris*

体長5.2 m．前頭部はなだらかに傾斜しその先にくちばしがある．下あごの先端からアーチ状の盛り上がりがあり，この盛り上がり最上部の直前に1対の大きな歯があり前方を向いている．世界中の熱帯－温帯の外洋域に分布する．

ニュージーランドオオギハクジラ Hector's beaked whale *M. hectori*

体長4.5 m．あまりよく知られていない．下あごの先端に1対の三角形で比較的小さい歯がある．南半球と北太平洋の温帯に分布する．

タスマニアクチバシクジラ Tasman beaked whale *Tasmacetus shepherdi*

体長は7 mに達すると思われる．下あごの先端に1対の三角形で比較的大きな牙があるとともに，上下のあごに17～29対の円錐状の小さい歯を持つ．これが他のアカボウクジラ科のクジラとの大きな差となっている．南半球の温帯に分布する．

ヨーロッパオオギハクジラ Sowerby's beaked whale *M. bidens*

体長約5 m．あまりよく知られていない．下あごの先端から1/3のところに1

対の歯がある．北大西洋の熱帯-温帯域に分布する．

　ヒガシアメリカオオギハクジラ　Gervais's beaked whale *M. europaeus*

　体長約5m．あまりよく知られていない．下あごの中央に1対の歯がある．大西洋の温帯-熱帯域に分布する．

　アカボウモドキ　True's beaked whale *M. mirus*

　体長約5.5m．ほとんど知られていない．下あごの先端に1対の歯がある．前頭部はやや盛り上がりくちばしもはっきりしている．アカボウクジラに似ている．大西洋の温帯域とインド洋南西部にのみ分布する．

　ヒモハクジラ　strap-toothed whale *M. layardii*

　体長約6m．あまりよく知られていない．最大の特徴は，雄の下あごに見られるひも状の1対の歯で，これは下あご中央部から長く後方に伸びて内側に湾曲し，中には口の開閉がロックされたような個体もいる．なお，本種を含むアカボウクジラ科クジラ類は，舌を急激に縮めて口腔内の圧力を下げ，餌を吸い込む摂食法（Suction feeding）をとっていることが示唆されている（Heyning and Mead, 1996）．アカボウクジラに似ている．大西洋の温帯域とインド洋南西部にのみ分布する．

浮上したヒモハクジラ．くちばしの根元の白い部分が歯（写真提供　松岡耕二氏）

　ミナミオオギハクジラ　Gray's beaked whale *M. grayi*

　体長約6m．あまりよく知られていない．下あごの先端からかなり後ろ（約20cm）に1対の三角形の歯がある．この1対の歯の他に通常上あごに小さな17～22対の歯がある．呼吸のために浮上する際に，長いくちばしを海面に突き出す性質がある（写真）．南半球の温帯-寒帯域に分布する．

タイヘイヨウオオギハクジラ　Andrew's beaked whale *M. bowdoini*

体長約 4.5 m. ほとんど知られていない. 下あご中央部より後ろに 1 対の大きな歯を持つ. ハッブスオオギハクジラに似ている. 南太平洋とインド洋の温帯域にのみ分布する.

タイヘイヨウアカボウモドキ　Longman's beaked whale *M. pacificus*

ほとんど知られていない. オーストラリアのクイーンズランドで 1822 年, ソマリアで 1955 年に発見されたのみ. インド−太平洋にのみ分布するらしい.

ペルーオオギハクジラ　Pygmy beaked whale *Mesoplodon peruvianus*

ごく最近新種として認知された種（Reyes *et al.*, 1991）. ペルー中部沿岸（南緯 8 〜 15 度）など東太平洋熱帯域に生息するらしい. 標本から得られた体長は約 3 〜 3.7 m. 比較的先の尖った 1 対の歯は, 3 〜 6.5 cm の長さで 1.4 〜 2.1 cm の厚さで下あご先端から下あごの長さの 2.5 〜 − 8.4% のところにある. 生きている時の体色は不明. 背ビレは, 小さく三角形. 標本の個体の胃からは魚類が出てきている.

第 2 章　分布生態

2・1　分布生態とは

　動物の分布の研究では，当初地史的な時間と空間による動物の移動や分散を扱い，歴史を通じて起こった地理的分布の変化とそれに基づく系統分類を追求する分野が発達した（動物地理学，Zoogeography）．動物の分布は，地理的および生態的な要素からなり，地理的分布は，第一義的には大陸や島に固定的であり，地理的範囲に制限され，そして地史的に従属である．この地理的分布を主に扱っている動物地理学とは異なり，分布生態学（Distributional Ecology）では，現在の環境要因や生態的特性によって規定される生態分布（ecological distribution）を中心に考えている．

　生態的要素は，浮動的な季節や環境といった非生物的要素の他に，動物自体の行動や，他の種や生物群集との相互作用や，競争といった動物側の能動的要素（生物的要素）を強く意識している．固着性あるいは移動の少ない動物の場合は，非生物的環境要因が分布を第一義的に支配すると考えられるが，クジラ類のような高度に移動能力がある動物の場合には，この生物的要因が支配的である可能性がある．

　クジラ類を含む動物の個体数が，加入や死亡の結果として経時的に変動する過程では，主に密度依存性が取り上げられている．個体が生息する空間の密度や様式は，それらの動物の繁殖・死亡・移動・食性など個体群の生態や動態の中心的課題と密接に結びついている．すなわち，動物が密集して生息している水域（あるいは場所）では，個体間や種間の相互作用（相互干渉，種間競争）が，分散して生息している水域よりも大きい可能性がある．言い換えると，それぞれの個体あるいは群れが一様に分布していない限り，密度による効果は場所や水域によって異なり，結局密度効果に起因する生態的特性は分布特性と密接な関係をもつこととなる．

さらに，目視による資源量推定や資源密度の指標である単位努力量当たりの漁獲あるいは捕獲量（Catch Per Unit Effort CPUE）の推定において，対象とする生物の分布の様子が，結果の精度評価や解釈に大きな影響を与える．これらのことからも，動物の分布生態を記述し説明することがクジラ類の生態・動態学においても不可欠である．

2・2　クジラ類の分布特性

クジラ類の分布において分布型や集合特性に関する記述は陸上の動物（例えば陸上の昆虫や鳥，MacArthur，1955，1972；Mangel and Clark，1988）に比べて極めて少ない．それは，陸上動物に比べて洋上での観察が困難なことによる．著者は，南極海での目視調査航海のデータを使って，南極海におけるクジラ類の分布特性，分布型，そして集合特性を解析したので，その概要を紹介する．

2・2・1　摂食域での分布特性（集中と分散）

はじめに，比較的大きなスケールでの分布特性を紹介する．繁殖域でのクジラ類が集中することは，効率的で確実な繁殖を保証するために欠かせない．それに対して，摂食域における分布特性において，特に外洋性のクジラ類の集合特性に関してはその構造や特性はほとんどわかっていない．

摂食域に回遊したクジラ類がその海域でどのような分布を示すか見てみる．図2-1に，南極海の摂食域におけるザトウクジラとクロミンククジラの遭遇率（40頁のNote参照）の季節的変化を示した．ザトウクジラの場合を見ると，繁殖域から摂食域への回遊初期（11月から12月初め）に東経100度と150度（この海域は繁殖域のほぼ真南にあたる）に2つの出現のピークが見られた．このピークは，季節が進むにしたがってよりはっきりとしたものとなり，その海域内の密度も増加している．この2つのピークは非常に安定しており，年による変動も少なく，良い生活領域（habitat）－餌場と考えられる．

ザトウクジラは，この様子から摂食期には，おおよそ決まった摂食域に集中的に回遊し，その場で摂食期間中過ごし，あまり摂食域で分散しないことが示された．この特定の海域への集中は，標識－回収の結果（2・3・2参照）からも示されている．

一方，クロミンククジラの場合では，摂食期初期にはあまり密度が高い海域

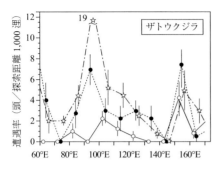 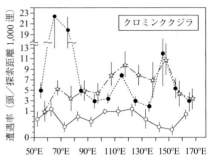

図2-1 南極海におけるザトウクジラとクロミンククジラの季節的密度変化（Kasamatsu *et al*., 1998 を改編）
○は11～12月中旬，●は12月中旬～1月中旬，☆は1月中旬～2月中旬を示す．

は見られない．摂食期が進むにしたがって，次第にある特定の海域への集中（東経60～70度，東経110度と東経140度付近）が見られてくる．そして，摂食期中後期（1月下旬から2月）になると分散する傾向が明らかとなった．これは，クロミンククジラの場合は，繁殖域からほぼ真南に南下して（2・3・1 クジラの回遊参照），最初は分散的に摂食しているが，季節が進行し良好な餌場が構築されるとそこに集中する．そして，その餌場が枯渇してくると再び分散するのではないかと考えられた．

── Note ──

密度や密度指数の記述

分布特性を研究するにあたっては，まず個体の数や密度を正確に知るとともに，それらを記述しなければならない．ここでは，密度あるいは密度指数の取り扱いを示す．

(1) 密度指数（遭遇率，Encounter rate）の記述

クジラ類の分布を記述する際に使われるのは，一般に密度そのものではなく，密度指数（密度そのものではないが便宜的に密度の指数として使われる統計量）が使われる．それは，遭遇率と呼ばれ，ある単位努力量当たり（例えば1日の探索距離）の発見頭数，あるいは発見群数（対象が群れで発見される場合，群れをサンプリングユニットとして扱う場合がある）である．遭遇率は，以下の式で表される：

$$遭遇率 = n/L$$

ここで，$n = \Sigma n_i$でn_iはある単位時間iでの発見頭数（あるいは発見群数）で，$L = \Sigma L_i$でL_iはある単位時間iの探索距離（kmまたは浬）である．

(2) 遭遇率の分散（Var（n/L））の推定

実際の調査では，さまざまな制約（調査時間，天候など）により調査ライン（トランセクトライン）をランダムに設置することは難しく，ほとんどの場合，格子状やジグザグ状といった調査ラインの設置をせざるをえない．また，単位当たり（例えば1日あるいは1本のトランセクトライン）の探索距離も発見数と同様に変化するのが通常である．

このような場合には，遭遇率の分散は経験的に以下の式で計算される．

$$\widehat{Var}(n/L) = \frac{\sum_{i=1}^{k} \frac{L_i}{L} \left\{ \frac{n_i}{L_i} - \frac{n}{L} \right\}^2}{k-1}$$

なお，厳密な意味で，上記の遭遇率は密度ではない．密度推定に関しては第5章「資源量推定」で詳細に説明するが，環境が大きく異なる．すなわち同じ対象（種）でも調査海域の海況や視界といった環境が異なり発見確率が大きく異なる場合や，そもそも発見確率に大きな差がある大型クジラ類の遭遇率と小型のクジラ類の遭遇率の絶対値を比較することはできない．ただし，同じ対象（種）で環境があまり変わらない水域での密度や分布様式の時空間的検討などには利用できる．

2·2·2　クジラの分布様式と集合特性（南極海におけるクロミンククジラ）

ここでは，もう少し小さいスケールで分布を見てみる．クジラが摂食域でどのように分布し，そして集合しているのかを，南極海で主要な摂食域として有名なロス海での調査とその解析から見てみる．

(1) サンプリングユニットと調査航海

図2-2に南極海のロス海での目視調査からのデータ解析にあたって採用したサンプリングユニット（方形区に相当）を示した．陸上の調査と異なり洋上で方形区に該当するサンプリングユニットを設定することは難しい．クジラ類の分

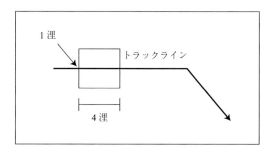

図2-2 調査のサンプリングユニットの概要

布の解析で，分布様式や分布特性の研究が進まなかった理由は，この方形区に該当するユニットを設定できなかったことが大きい．

著者らは，ライントランセクト法での目視調査において，方形区にあたるサンプリングユニット（図2-2）を，調査のトラックラインに沿って幅1浬 (1.8 km)，長さ4浬 (7.5 km) の海域とした．一般に南極海で使用されている調査船のミンククジラに対するトラックラインからの片側の有効探索幅（第4章参照）は約0.5浬である．両側では1浬となる．ミンククジラの場合トラックライン上の見逃しは10%以下であるので（笠松, 1993），このサンプリングユニット内は，ほぼ全数調査が行われたと同じになる．

図2-3に示した調査航海のトラックラインは，調査海域内のどの地点も同じようにカバーされるように企画されている（第5章参照）．調査は, 3隻の調査船(800トン型の捕鯨船を改装した船，3名の国際調査員が乗船）により，南極海のロス海で1985年12月から1986年2月にかけて行われた．図中のトラックラインは，その3隻のうちの南側を担当した2隻のトラックラインを示し，南緯74度以北と以南でそれぞれの調査海域が分かれている．北側の調査船はAからNまで，南側の船はAAから右回りに再びAAに戻ってくる航路で調査された．

この調査から得られた各ユニット内のクロミンククジラの出現群数をトラックラインに沿って示した（図2-4）．

(2) 分布様式

これらの図からは，クロミンククジラの出現はかなりばらついて出現している様子がわかる．すなわち，ほとんどクロミンククジラが分布していないユニットもあれば，ある海域では連続して発見がある．

これらの情報からクロミンククジラの摂食域での分布様式を調べてみる．分布様式，すなわち一様分布か，ランダムな分布か，あるいは集中分布かを後述Noteで示した方法により判定し，その結果を表2-1に示した．密度の低いA〜

第 2 章　分布生態　*43*

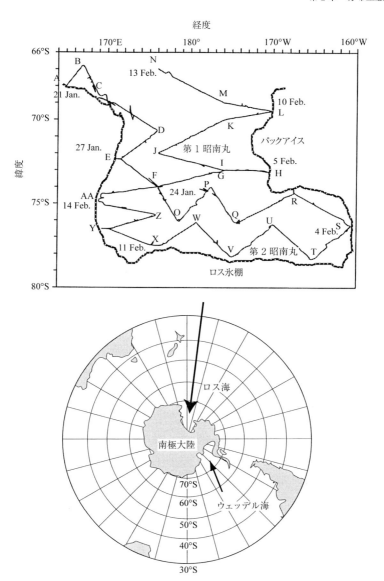

図2-3　ロス海における目視調査船のトラックラインと調査船

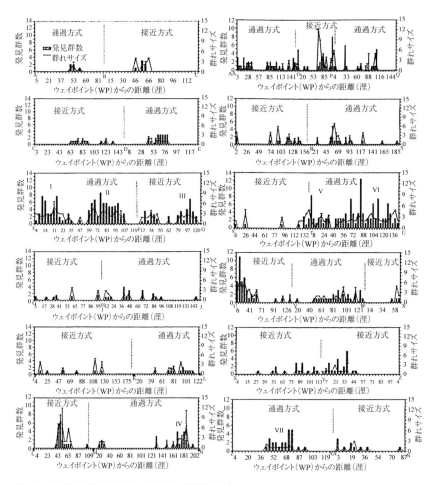

図2-4 ロス海におけるクロミンククジラの密度の分布
　　　図中のA-NはWay pointを示し，縦軸はユニット内での発見群数，横軸の数字はWay pointからの距離（浬）を示す．また，I-VIIは集合（aggregation）の識別番号である（後述）．

D海域で一様分布に近い型を示すが，ほとんどの海域では集中分布を示している．また，D～FとS～Xの海域では，高い平均こみあい度が観察されている．

さらに調べを進め，それでは大きな集合の中での様子はどうなっているのか．発見が集中している海域での発見群数の様子を見てみる．図2-5には，すべての海域での発見群数の頻度分布（左）と高密度海域内のみの分布（右）を示して

表2-1 ロス海におけるクロミンククジラ分布の集中度指数と森下のアイデルタ指数

Way point (WP)	平均密度	s^2/x	I_δ	平均こみあい度 (m^*)
全体	0.77	2.93	3.51	2.7
A-D	0.24	1.32	2.36	0.55
D-F	1.72	2.76	2.03	3.46
F-K	0.65	1.9	2.38	1.53
K-N	0.41	2.11	3.75	1.51
N-S	0.59	2.15	2.98	1.73
S-X	1.46	3.47	2.7	3.91
X-N	0.67	2.16	2.76	1.83

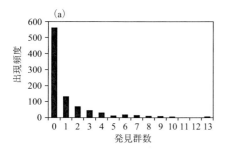
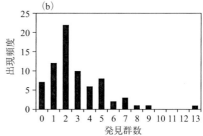

図2-5 ミンククジラの発見群数の頻度分布
(a) が全域, (b) が集合内のみ.

いる. ここで, 図2-5 (a) の調査海域全体の分布は, 発見群数が0あるいは0近くが多く, 発見が多くなるのにしたがって急激に少なくなる分布を示しているので, 集中分布を表していることは明らかであるが, 同図 (b) は得られたヒストグラムの型（図2-10参照）から, 一様あるいはランダムな分布をしていることがわかる.

(3) 集合特性

この高密度域あるいは集合の中でのそれぞれの群れの間の関係を調べてみよう. この関係を見るためには, 平均こみあい度 (m^*) と平均密度 (m) を図上にプロットして（図2-6）回帰直線の傾きと切片の値を見る方法を使用した（48頁のNote参照）. 図2-6の回帰直線を見ると, 海域全体では切片はほぼ0で傾き

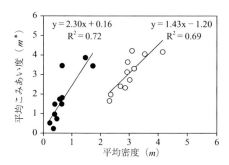

図2-6 クロミンククジラの平均密度と平均こみあい度（黒丸が全域，白丸が集合内）

は2.3となっており，強い集中分布であることを裏付けている．一方，図の右側の集合内をみると，切片はほぼ－1で傾きが1に近い値となっている．これは，集合内は一様分布に近くまた群れ同士が負の集合性（さけあい）を持っていることを示している．すなわち，一般に摂食域では集中分布を示すが，良好な海域（餌場）における集合内では，お互いに避けつつ一様な分布をしていることが初めて明らかにされた．

(4) 密度と群れサイズ

調査海域内におけるクジラの群れ密度とクジラの群れの大きさとの関係があるかないかは，個体数を推定する上で欠かせない情報である．それは，推定値の分散をみる上で，密度と群れサイズはそれぞれ独立であるとの仮定が使われている理由による．上記の調査からユニット内の群れ密度とその平均群れサイズとの関係をプロットし図2-7に示した．明らかに密度と群れサイズは有意な正の相関があることが示された．これらは，同様な調査と解析を行ったウェッデル海（大西洋南部）やプライズ湾（インド洋南部）でもまったく同様に有意な正の相関が見られている．

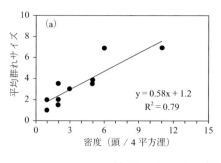
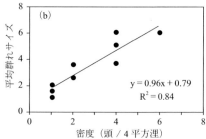

図2-7 クロミンククジラの密度と平均群れサイズ
(a) ロス海，(b) ウェッデル海．

(5) 集合の成り立ちと推移

集合（aggregation）の大きさとその中のクジラの密度との関係を示すと図2-8のようになる．この図からは，密度は集合の大きさが大きくなってもほとんど増加せずに，ある一定の密度が維持されていることが示唆されている．

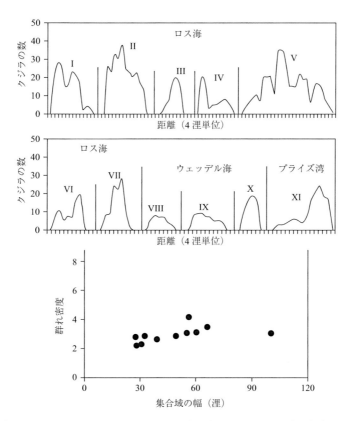

図2-8　観察されたクロミンククジラの集合の様々な型（上図）と密度との関係（下図）（Kasamatsu *et al.*, 1998を改編）

すなわち，最初に低い密度で比較的小さい高密度の生息域が形成される．この高密度域（良好な餌場と考えられる）でのクジラの密度は増加し，ある一定の密度まで上昇するが，これ以上には増加せず，それに代わって高密度域が広がることを示している（図2-9）．

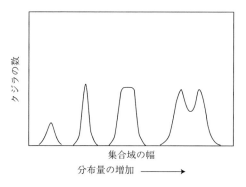

図2-9　集合形成の推移の概念図（Kasamatsu *et al.*, 1998を改編）

―― Note ――

分布様式（型）と集合特性

(1) 分布様式

　多くのサンプルを採取してその中の個体数を調べ，それらをある区分け当たりの個体数毎にまとめると頻度分布が得られる．この頻度分布を図にしたものはヒストグラムと呼ばれる．これまでの研究から，生物の個体数のヒストグラムはさまざまな型を示すことが知られ，その型は分布型（distribution pattern）と呼ばれている．統計学でよく使われるのは正規分布であるが，実際の自然条件下での動物の分布型は，普通正規分布とならない．正規分布が連続量の分布であるのに対して，個体の数は 0, 1, 2……という飛び飛びの数（離散量）であり，しかもマイナスの値はないからである．例えばある特性値を持った個体が集団中に占める割合，p を調査により推定する場合を考える．大きさ N の標本中でこの特性を持つものの数は，動物の分布が無作為（ランダム）な過程にしたがう場合は，2項分布（binominal distribution）という分布型で表される．この2項分布の特徴は，分散 σ^2 と平均値 m は一定の関係を持つことである．すなわち，$m = Np$, $\sigma^2 = Npq$ である．2項分布の特性を決めるのは N と p（この2つを母数という）である．N の値が大きく p の値が小さい場合には，2項分布はポアソン分布（Poisson distribution，$Px = e^{-m} m^x / x!$）に近づく．このポアソン分布では分散は平均値に等しい性質を持つ（$m = \sigma^2$）．この性質は，分布型を判断する際に大変便利である．

自然条件下においてポアソン分布（ランダム分布）にしたがう例は少ない．ほとんどは集中分布（contagious distribution）と呼ばれる型をとる．好適な環境に多くの動物が集中する，あるいは繁殖のために集中する傾向があるからである．この集中分布に適用される分布型は負の2項分布（negative binomial distribution, $(q-p)^{-k}$）である．ここで p は m/k，k は整数であって，$k \to \infty$ において負の2項分布はポアソン分布と一致し，k の値が小さくなればなるほど集中度が高まり，$k = 0$ において対数級数分布と一致する．すなわち，k の逆数が集中度を表している．

　一般に，分布特性を調べるためには調査で得られた区画の密度の平均値（x）とその分散（s^2）との比から，次のように分布様式（型）と関係していることが知られている（図2-10）．

$s^2/x = 1$　　ランダム分布（ポアソン分布）
$s^2/x < 1$　　一様分布
$s^2/x > 1$　　集中分布

　上述の s^2/x は，平均値の絶対値の大きさに影響を受けるために分布型はわかっても，複数の集団を比べてどちらがより集中しているかを判定するには適していない．これを改良したのが森下のアイデルタ指数（I_δ）である．ちなみに I_δ は次の式で表される．

$$I_\delta = n \frac{\Sigma x_i (x_i - 1)}{N(N-1)}$$

　ここで，n はサンプル数，N は総群数（Σx_i），x_i は i 番目のサンプルの群数である．I_δ も s^2/x と同様，ポアソン分布では1となり，集中分布では1より大，一様分布では1より小となる．なお，I_δ は平均値 x の大小によって変化しないため，異なった平均値をもつ集団同士の比較に利用できる．

(2) 分布の集中度合いの記述

　クジラ類は，時として非常に大きな集合（aggregation）を作る．場合によっては数百頭あるいは数千頭といった集合となる．これらは，通常1頭の集まりではなく群れが集まったものである．これら集合の集中度合いの目安とし

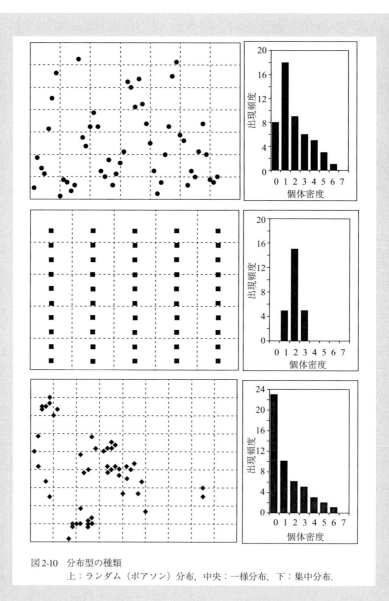

図2-10 分布型の種類
上:ランダム(ポアソン)分布,中央:一様分布,下:集中分布.

てアメリカの著名な数理生態学者 Lloyd(1967)によって提案された平均こみあい度(mean crowding, m^*)が使われている.これは,区画当たり個

体当たり平均他個体数を示す値であり以下の式で記述される．

$$m^* = \frac{\Sigma x_i (x_i - 1)}{\Sigma x_i} = \frac{\Sigma x_i^2}{\Sigma x_i} - 1$$

この平均こみあい度（m^*）と平均値（m）や分散（σ^2）との関係は，次のようになる．

$$m^* = m + \left(\frac{\delta^2}{m} - 1\right)$$

(3) 集中と集合内の分布特性

日本の巌（Iwao, 1968；巌，1969）は，上記の平均こみあい度（m^*）と平均値（m）との間の関係に注目し，集合内の個体の分布特性を記述する方法を提案した．これは，直線回帰の傾き（β）と切片（α）の値に注目したものである．

$$m^* = \alpha + \beta m$$

ここで，切片が 0 か正で傾きが 1 の場合はランダム分布，傾きが 1 以上で切片が 0 か正の場合は集中分布，切片と傾きが 0 の場合と切片が負（－1）で傾きがほぼ 1 の場合は完全一様分布，そして切片が 0 で傾きが 1 より小さい場合は調査単位域内の収容力が限られている場合でのランダム分布である．

また切片だけをみると，個体がまったく独立の場合は 0，正の集合性がある場合は正の値，負の集合性（さけあい）がある場合は－1 と 0 の間の値をとる．また，回帰直線の傾きはランダムの場合は 1，一様分布では 0 と 1 の間，集中分布では 1 より大きくなる．

2・2・3　分布と環境傾度

過去捕鯨船は，いわゆる潮目（フロント）というところを集中的に探鯨することが知られている．すなわち，潮目などの海洋環境における特殊な水域に注目していることによる．海洋特性と商業捕鯨の主な対象であった大型ヒゲクジラの分

布に関しては古くから記述されていた（図2-11）．しかしながら，最近，日本のJARPA（Japanese Whale Research Program under Special Permit in the Antarctic）で本格的な海洋調査が捕獲調査と連携して行われてきたものの（Matsuoka et al., 1999），南極海の氷縁近くに分布集中するクロミンククジラに関して海洋特性との関係の記述はほとんどなされていなかった．

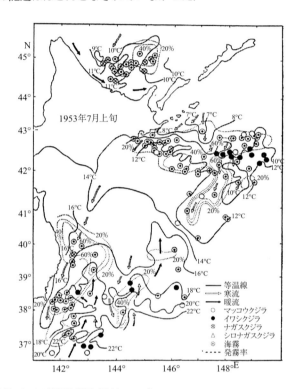

図2-11　日本沿岸における捕鯨漁場図（宇田，1960）
　　　　三陸から北海道南部にかけて，暖かい黒潮系水（一部津軽暖水）と冷たい親潮系水との2つのフロント付近（北緯38～39度と北緯42～43度）にヒゲクジラの漁場が見られる．

（1）南極海のクジラ類
1）海洋フロント

　南極海におけるクロミンククジラの分布と表面水温との関係における一例を口絵7に示した．図2-12に示したウェッデル海の場合，南極大陸の縁を東から

西に流れている沿岸流が南極半島にぶつかって北向きそして東向きに流れる．この流れ（ウェッデル環流，the Weddell Gyre）が当該海域に最も影響を及ぼす因子であることが知られている．

調査が行われた1981/82年では（口絵7），この冷たい環流とそれに伴う海氷は比較的西側の西経40度付近に見られた．この冷水の先端付近の海氷縁とその沖合にかけてかなり高いクロミ

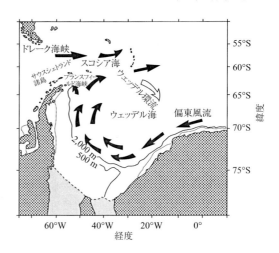

図2-12　ウェッデル海の海洋特性の模式図

ンククジラの密度が観察されている．1986/87年は，このウェッデル環流が特に強く，この環流によってもたらされた冷水と海氷が西経20度付近まで東に張り出していた．この年は，この冷水と東側の比較的暖かい海水とが衝突し，海氷縁から360浬以上離れた沖合の西経5〜10度，南緯64〜67度付近に明瞭な海洋フロントが形成されていた可能性がある．この年は，クロミンククジラは氷縁近くのみならずこのフロント付近で特に高密度で集中した．通常クロミンククジラは氷縁近くにもっとも密度が高く，沖合にいくにしたがって徐々に密度が減少することが報告されている（後述）が，海洋特性（特に海洋フロントの形成）によっては沖合に良好な餌場（好漁場）が形成されることを示している．

2）気候変動とクジラ類の分布

南極半島周辺では，過去50年にわたり年間平均気温が約5℃上昇したことが観測されている（Gloersen and Campbell, 1991；Zwally, 1991；Rott *et al.*, 1996）．

これらの変化は，海氷域の減少をもたらし，海氷と密接な関係をもつナンキョクオキアミの再生産に影響を与える．Loebら（1997）は，近年（1984/85〜1995/96）のナンキョクオキアミの現存量は，それ以前（1976〜1984）より顕著に少ないことを示している（図2-13）．

著者らは，この水域で行われた1981/82年と1989/90年の国際鯨類目視調査航海（IDCR）で得られた目視記録と環境記録（水温，海氷の位置）を解析した．

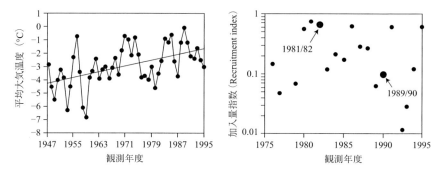

図2-13　南極半島域における年間平均気温の推移（左図）と南極半島周辺水域のナンキョクオキアミ
　　　　加入量指数の経年変化（右図）（Loeb et al., 1997を改編）

　調査航海は，両年とも1月初めから2月中旬まで，東側（西経60度）から西側
へ（西経120度）へ向けて行われ，調査時期は一致している．その調査航海の
調査航跡図を図2-14に示した．
　表面水温は，明らかに1989/90年の方が全般に高く，特にクロミンククジラが
集中する水温1℃以下の領域が1989/90年で大きく減少し，1989/90年では
1981/82年の約半分となっている．当該海域の1981/82年の平均表面水温は，1.1℃
であったが1989/90年のシーズンでは2.04℃であり，また海氷の北縁の位置も
1989/90年の方が南に平均50浬後退していることが示された．この海氷の少な
い張り出しは，冬場（1989年9月）の海氷の張り出し量とその厚さをそのまま
反映していたことが人工衛星の写真からも明らかとなっている（Kasamatsu et
al., 2000a）．
　この高い水温と少ない海氷と冷水の張り出しが当該海域におけるミンククジ
ラの来遊密度に変化を与えた可能性がある（図2-15, 2-16）．すなわち，海氷と
密接な関係があるナンキョクオキアミの分布と密度が，海氷や冷水の張り出し
の減少によって影響され，その結果クロミンククジラの好適な生活領域（摂食域）
が減少した可能性がある．1981/82年でのクロミンククジラの分布は海氷や冷水
の張り出し近くを中心としてほぼ全域に集中海域が見られたが，1989/90年では
集中海域は減少し，結果として当該海域における1989/90年シーズンの個体数
推定は，1981/82年シーズンを大きく下回った．今後，地球温暖化の影響が最も
顕在化しているこの南極半島周辺において，クジラ類を含む海洋生物群集のモ
ニタリングが欠かせない．これに対して，平均大気温度がそれほど増加してい

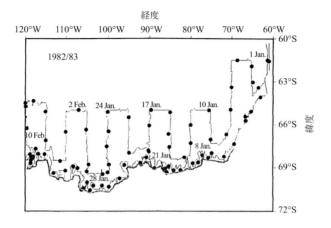

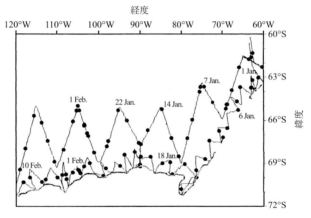

図 2-14　1981/82 年と 1989/90 年の IDCR 航海の航跡図
●は正午位置.

ないインド洋区では，日本によるクロミンククジラを中心とした生物群集のモニタリングが行われており，現在のところ，ザトウクジラなど大型ヒゲクジラの増加傾向は確認されているものの，クロミンククジラの密度に関しては大きな変化は観察されていない（Nishiwaki *et al*., 1998）．

3）海底の地勢

海洋特性で水温以外にも海底の形状がクジラ類の分布と関連する可能性が示唆されている．図 2-17 は，南極海に回遊するクジラ類 7 種の密度（遭遇率）と海底地形との関係を示したものである．

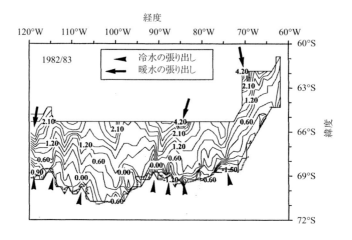

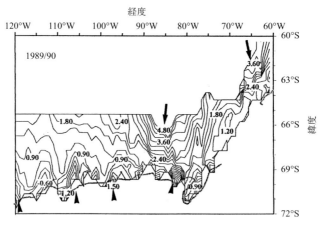

図2-15　表面水温図

　ヒゲクジラのクロミンククジラとハクジラのシャチでは見かけ上，大陸棚（Continental shelf）が最も高く，続いて陸棚境界域（Shelf break），大陸斜面（Continental slope），そして大洋底（Plane）へと順次密度が低くなる傾向を示すが，他のヒゲクジラ類では発見が少なくあまり明瞭な関係は見られない．一井（1999）は，オキアミ類の成長段階毎の分布と海洋環境とを詳細に検討し，沿岸域には外洋流と逆向きの緩慢な流れ（反流）が生じていること，陸棚境界

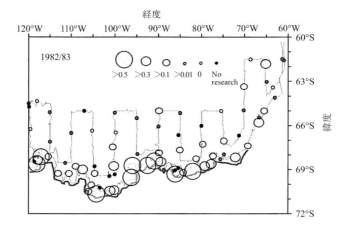

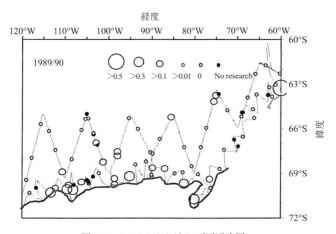

図2-16　クロミンククジラの密度分布図

域と斜面域には外洋流と沿岸反流によるシアーが生じ，物理的な滞留・集積作用が働き，オキアミ類を集中させていることを示している（Ichii *et al.*, 1998；一井, 1999）．なお，このような地形的海洋学的要因とともにクロミンククジラとシロナガスクジラの場合，他の要因特に海氷との関係（後述）も強く影響していると考えられる．なお，図2-17で注目されるのは，ハクジラのマッコウクジラとアカボウクジラ科クジラ類（Ziphiid）の分布である．マッコウクジラで

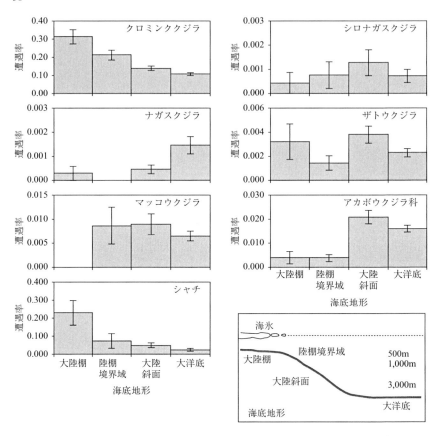

図 2-17 南極海における海底地形とクジラ類の分布 (Kasamatsu *et al*., 2000b を改編)

は比較的浅い大陸棚付近ではほとんど出現せず，またアカボウクジラ科クジラ類（主にミナミトックリクジラ）では大陸棚と陸棚境界域にはあまり出現していないことが明らかとなった．マッコウクジラやアカボウクジラ科クジラ類の主な餌は中型や大型の外洋性のイカ類であり，これらは比較的水深の深い外洋域にその主な生息域をもっていることに対応して，これらのクジラ類が主に出現する海域が制限されているためと考えられる．

4) 南極海の海氷との関係

南極海において生産性の高い海氷縁とその縁からの距離と密度との関係を見てみると（図 2-18），クジラ種によってそのパターンは異なる．クロミンククジラ，

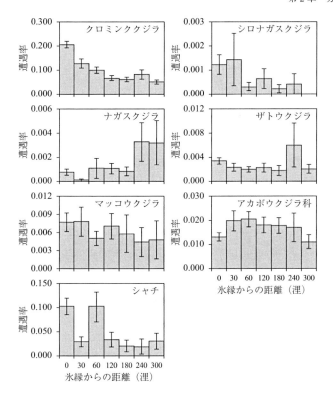

図2-18 南極海におけるクジラ類の分布と海氷縁からの距離との関係（Kasamatsu et al., 2000bを改編）

シロナガスクジラとシャチは，明らかに氷縁から遠ざかるにしたがって，密度が減少する傾向が明らかである．一方，ザトウクジラ，マッコウクジラとアカボウクジラ科クジラ類（主にミナミトックリクジラ）では，特定のパターンは見られず，ナガスクジラは氷縁から遠ざかるにしたがって密度は増加する傾向が明らかとなった．これらは，餌資源の違い・種間関係などいくつかの要因が働き，現在の分布パターンが形成されたと考えられる．

(2) 北東大西洋のハナゴンドウ

上記で南極海における各クジラ種の海洋環境や海底地形との関係を紹介したが，その他の水域でも環境傾度と分布との関係が明らかにされている．米国北東漁業科学センター（Northeast Fisheries Science Center）の研究者は，1992～

1994 年にメキシコ湾北部の米国沿岸で船と航空機による組織的な目視調査を実施した（図 2-19）．Baumgartner（1997）は，この海域で発見の多かったハナゴンドウの分布と海底地勢との関係に注目し，海底の深さと形状（傾き）との関係を解析した．

その結果，ハナゴンドウの分布は海底の深度および傾斜と密接な関係があることが明らかにされた（図 2-20）．ハナゴンドウは，メキシコ湾北部の大陸棚が

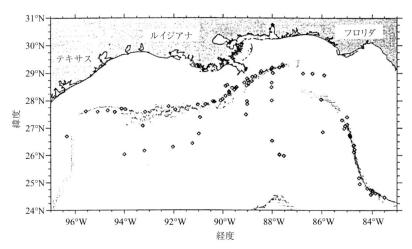

図 2-19　ハナゴンドウの発見位置と海底の深度
　　　　○印が発見位置．図中のラインは深度 350 〜 975 m 層を示す（Baumgartner, 1997）．

―― Note ――
　生物の分布，相互関係，環境との関係に起因する構造はパターンと呼ばれ，次のようなパターンが指摘されている（Hutchinson, 1953）：
　（1）層状パターン（垂直的な層序）
　（2）垂直パターン（上下の棲み分け）
　（3）活動パターン（周期性）
　（4）食物網パターン（食物連鎖のネットワーク）
　（5）生殖パターン（親子関係）
　（6）社会パターン（群れや集合）
　（7）相互作用パターン（競争，共同など）
　（8）機会的，確率的パターン（ランダムな影響の結果）

大陸斜面にかかる陸棚境界域の深さ 350 〜 975 m，傾斜が 24 m / 1.1 km 以上の水域に集中し，この領域を生活の場として利用していることが示された．

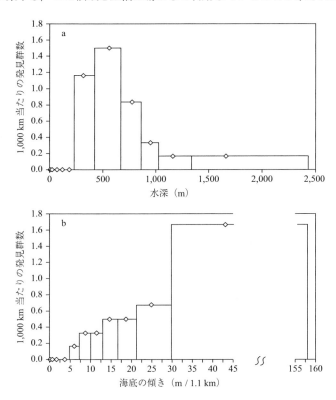

図2-20　ハナゴンドウの遭遇率と海底の深度（a）と傾斜（b）との関係（Baumgartner, 1997 を改編）

2・2・4　南極海におけるクジラ類群集内での種間関係

　南半球で最も重要な摂食域である南極海には多くの種が依存している．特にヒゲクジラは，餌資源として最大の生産があるナンキョクオキアミにそのほとんどを依存している．また，ハクジラ類の主な餌である外洋性のイカ類の主要な餌はやはりナンキョクオキアミであることから，間接的にナンキョクオキアミに依存している．このような依存関係においてクジラ類の餌資源をめぐる競争が分布にどのような影響を与えているかを見ることは興味深い．そこで，著者らは南極海に回遊する主要なクジラ類6種について，特に南極海で最も資源量が多いクロミンククジラとの関係を調べた．図 2-21 は，クロミンククジラと他

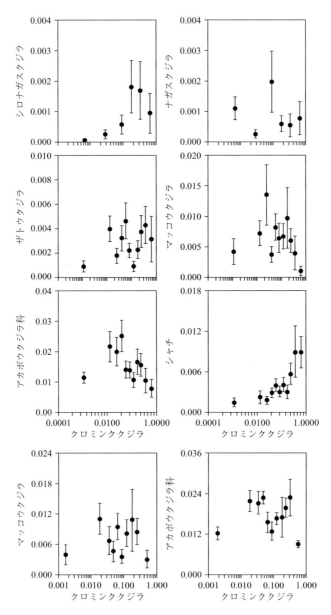

図 2-21 南極海におけるクロミンククジラと他の 6 種の密度の相互関係
　　　　最下段の 2 つの図は，大陸斜面と陸棚境界域での発見を除いた場合（Kasamatsu *et al.*, 2000b を改編）.

の6種の遭遇率の関係を示したものである（クロミンククジラの遭遇率に対する他の種の遭遇率）(Kasamatsu *et al.*, 2000b). ここで注意しなければならないのは，このような関係には種間関係のみならず，前述した環境傾度の影響も含まれていることである．

　ここで仮に2つの種の間で正の集合性があれば（すなわち同じような海域や餌場を好む）お互いの密度は正の相関（回帰直線の傾きはプラス）を示し，また負の集合性（さけあい）があれば負の相関が見られるはずである．検定した6種のうち，シロナガスクジラとクロミンククジラ，シャチとクロミンククジラの間には正の相関（正の集合性）が，マッコウクジラとアカボウクジラ科クジラ類とクロミンククジラの間には負の相関が見られ，ナガスクジラとザトウクジラとクロミンククジラの間には何らの関係も見出せなかった．ただし，より詳細な検討からマッコウクジラとアカボウクジラ科クジラ類に関しては，先の海底地形による両種の選択性が強く働いているので見かけ上，負の相関が示されることが明らかとなっており，海底地形の影響を除くと，ナガスクジラやザトウクジラ同様有意な関係は見られなかった．一方，シロナガスクジラやシャチでは海底地形等の影響を除去しても一貫して正の相関が見られた．

　これらのことから，ナガスクジラ，ザトウクジラ，マッコウクジラとアカボウクジラ科クジラ類はミンククジラとは独立して分布している可能性が示唆された．一方，シロナガスクジラとシャチはクロミンククジラと正の集合性をもつことが明らかにされた．なお，シャチはクロミンククジラを主要な餌としていること，クロミンククジラが好む氷縁近くにシャチの餌であるペンギンやアザラシが分布していることが正の相関を生み出していると考えている．一般に，生態的ニッチェが密接に関係している場合や同じ餌を共有する同所性で生態的にオーバーラップする種同士の間では，種間の相互作用（種間競争を含む）が生まれる．餌を同じくするシロナガスクジラとクロミンククジラの間に正の集合性があり，かつクロミンククジラの密度が高い水域でシロナガスクジラの密度が低かった事実があることから，両種の南極海摂食場での競合の可能性が示唆されている．

2・2・5　南極海における種の多様性

　種の多様性（Species diversity）は，そこに存在あるいは生息する生物の全種数に基づく種の豊かさを示す指標としてのみならず，種の相対的重要度や優占

の度合いの指標として考えられた．現在では，これら基本的な生物群集の多様性の空間的時間的安定や変化を記述するためのみならず，生物生産の安定性の問題や，また環境汚染に対する生物群集構造の応答の様子を指し示すものとしても扱われている．多様性の指数としては，Simpson の多様度指数（Simpson's index of diversity, Simpson, 1949）や Shannon-Weaver の情報理論（information theory）に基づく指数（Shannon & Weaver, 1949；Margalef, 1958；Pielou, 1966）がある．

Note

群集の構造に関する指数の例

a. 種の豊富さの指数（d）

$$d = (S - 1) / \log N, \text{ここで } S = 種数, N = 個体数.$$

b. Simpson の多様度指数（c）

$$c = \Sigma (n_i / N)^2 \text{ または}$$
$$\Sigma n_i \{(n_i (n_i - 1) / N (N - 1))\} = 優占度指数$$
$$1 - \Sigma (n_i / N)^2 \text{ または}$$
$$1 / (\Sigma (n_i / N)^2) = 多様性指数$$

n_i = 個々の種のもつ重要度の数値（個体数，生物量など）
N = それぞれの重要度の総和

c. Shannon & Weaver の指数（H'）

$$H' = -\Sigma (n_i / N) \log (n_i / N) \text{ または } -\Sigma P_i \log (P_i)$$

n_i = 個々の種のもつ重要度の数値（個体数，生物量など）
N = それぞれの重要度の総和
P_i = 個々の種の重要度の分担率（n_i / N）

クジラ類群集において，種の多様性に関する報告はほとんど見られない．それは，陸上と異なり特定の海域でそこに分布・生息する種それぞれの個体数の推定が困難であったからである．クジラ類の個体数調査には莫大な費用がかかるのと，最近まで個体数推定の洗練された推定方法が確立していなかったことによる．

南極海においては，過去30万頭以上のシロナガスクジラや6万頭以上のザトウクジラなどの大型クジラ類が捕獲された．現在，これらの大型クジラ類の過剰な開発が，南極海の生態系に大きな影響を与えたことに疑問の余地はない．これら大型クジラ類の減少は，多様な栄養段階での種および個体群の相互関係，種間競争，そしてこれらを包括する生物群集の動態に強い影響をもたらし，結果としてクロミンククジラなどの小型のヒゲクジラや枯渇した大型クジラ類と餌資源を共有する他の動物（カニクイアザラシなど）の増加をもたらした．

　先に述べたとおり，南極海生物群集の種の組成や種の多様性に関する時空間的な情報はまったく見られない．しかしながら，種の組成や種の多様性といった情報は，枯渇した大型クジラ類が増加をはじめた現時点でのクジラ類群集の現状が記述されるのみならず，クジラ類群集の種組成や種の多様性がどの方向に向かって進むかという点を見極める上で欠かせない．

　そこで著者は，長年携わった南極海でのIDCRから得られた情報を解析し，1980年代における南極海クジラ類群集の種の個体密度，生物量とそれらの組成，そして種の多様性の時空間的状況を解析した．解析は，過去に最も多く捕獲が行われ，なおかつ最近の調査が最もよく行われたインド洋区（ここでは南アフリカの東経20度からオーストラリア西岸の東経120度）の資料に基づき行った．調査海域と調査船の航跡を図2-22に示した．

　図2-23と2-24にクジラ類の個体数密度，生物量（Biomass），種の多様度指数を示した．これらの図から，南極大陸周縁の海氷縁に近い海域で，個体密度

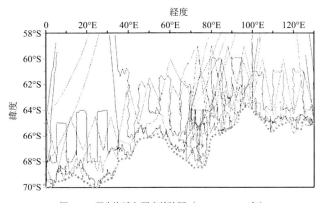

図2-22　調査海域と調査航跡図（1978〜1988年）

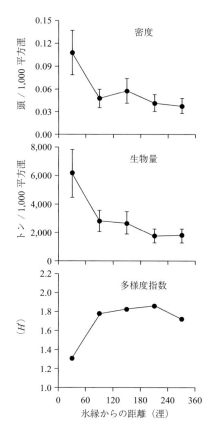

図2-23 上からクジラ類の密度,生物量,そして種の多様性(氷縁からの距離毎)(多様性 H';Shannon & Weaver の情報理論に基づく)(Kasamatsu,2000 を改編)

と生物重量が多いことが明らかにされた.一方この海域は,種の多様性は低いことが明らかとなった.これは,数少ない種により当該海域が占有されていることを示している.南極大陸周縁の海氷縁に近い海域とは,南極海生態系の鍵種とされているナンキョクオキアミが最も豊富に存在しクジラ類(特にヒゲクジラ)にとっては最も重要で良好な摂食場である.この良好な餌場にはクロミンククジラが優占(個体数や生物重量の約7割)して分布していることが明らかとなっている(図2-24).一方,海氷縁から離れると個体数密度や生物重量は減少するが,種の多様性は高くなっていることがわかった.

後述するように(3・1),ヒゲクジラとハクジラ類では主要な餌とそれに関連して主分布域が異なり,棲み分けがなされている可能性がある.そこで,ヒゲクジラとハクジラ類に分けて生物重量を見てみる.図2-25 から明らかなように,氷縁近くは圧倒的にヒゲクジラ(主にクロミンククジラ)が多いが,氷縁から離れる(南極大陸から離れる)にしたがって,今度はハクジラ類の割合がヒゲクジラと同じ,あるいは上回る傾向が明らかにされた.この傾向の解釈は今でも完全になされていないが,ハクジラ類が主な餌としている外洋性で深海性のイカ類が,南極大陸近くよりも離れた大陸斜面や大洋底など比較的水深の深い海域に分布することによる棲み分けの結果と理解される.

これらの結果から,南極大陸に近く生産性の高い海域は,現時点で個体数の

多いクロミンククジラな
ど少数のクジラ種に優占
されていること，南極大
陸あるいは海氷縁から離
れるにしたがって，ハク
ジラ類の割合が増加し，
結果的に種の多様性が増
加している様子が明らか
となった．

次に，大型クジラ類の
増加に伴って種の多様性
はどのように変化するの
か．単一種による優占種
が置き換わるだけか，あ
るいは優占性はある程度
抑えられ，種の多様性が

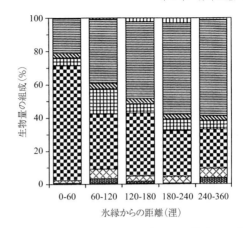

図 2-24　海氷縁からの距離別クジラ類の種の生物重量組成

増加するのか．この問題は，今後日本が実施している南極海での調査（JARPA）
で明らかにされると思うが，1970 年代後半から 1980 年代後半の 10 年間ではど
のように種の多様性が変化しているか見てみよう（図 2-26）．

検討したこの海域は，北部の繁殖域や JAPRA 調査による摂食域での観察から
過去に枯渇したザトウクジラが近年統計的に有意な増加傾向を示していること

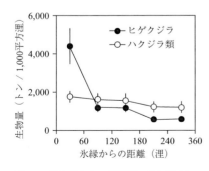

図 2-25　海氷縁からの距離別ヒゲクジラとハ
クジラ類の生物量

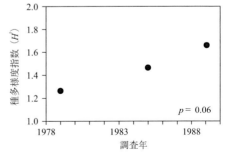

図 2-26　南極海経度 80 〜 110 度（インド洋南東部）
における種の多様度指数の経時変化

がわかっている．当該海域における IDCR 調査は，3 回しか行われていないために情報は限られているが，種の多様性は増加している可能性が示されている．すなわち，当該海域におけるクロミンククジラの個体数には大きな変化は見られないが，他の大型クジラ類の増加に伴いクロミンククジラの相対的位置が減少していることが示唆されている．今後，南極海のクジラ類群集がどのような方向に移行していくのかが重要である．

2・2・6　系群構造（Stock Structure）
(1) クロミンククジラ
1) 繁殖域

南半球のクロミンククジラの管理上の個体群（系群）としては，南半球に生息するシロナガスクジラやザトウクジラといった大型ヒゲクジラの捕獲の不連続に基づく地理的境界が採用されていた．これに対して，1990 年に IWC 科学委員会で行われたクロミンククジラの包括的資源評価における最も重要な課題と論争点は，まさにクロミンククジラの生物学的・生態学的な個体群の特定とその境界の特定であった．

著者らは，南半球で日本が行った目視調査の資料を解析し，南半球低緯度におけるクロミンククジラの分布に不連続があり，繁殖期後期の低緯度においていくつかの集中海域があることを示唆するとともに，これらの海域でクロミンククジラの親仔が発見されていることを報告した（図 2-27）（詳しくは 4・1・2 参照）．この報告は，IWC 科学委員会で注目され，繁殖域に基づいた管理区域として正式に提案された（IWC, 1991）．

2) 系群構造解析

クロミンククジラの遺伝的構造に関しては，Wada and Numachi（1979）が外部形態測定資料と生化学的試料（酵素の多型の表現型 allozyme）分析を行い，南極海の全海域から捕獲された合計 11,414 頭のクロミンククジラの肝臓と筋肉中の 45 の allozyme 遺伝子座（loci）を解析した．さらに，Wada はブラジルの沿岸捕鯨で捕獲された 195 頭の筋肉試料をも分析した．さらに，Wada ら（1991）と Pastene ら（1994）はミトコンドリア DNA（mtDNA）の RFLP（制限酵素・切断片長多型）分析を行い，南半球クロミンククジラ（ドワーフタイプ dwarf type＊と呼ばれる小型のミンククジラを含む）の遺伝子解析を行った．これらの結果から，ドワーフタイプと呼ばれる個体群は，通常のクロミンククジラとは

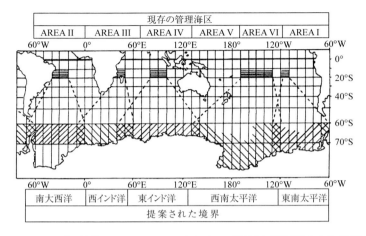

図 2-27 Kasamatsu ら（当時 paper SC/42/SHMi20）によって示唆され科学委員会の正式提案として受け入れられたクロミンククジラの個体群の境界（IWC, 1991）

少なくとも亜種のレベルで異なるものの，南半球の通常のクロミンククジラの間には有意な差は見られなかったと報告した．

日本鯨類研究所のパステネおよび後藤両博士らの遺伝研究グループは，南極海クロミンククジラの mtDNA を精力的に解析し，クロミンククジラの系群構造の解明を目指している．これら一連の研究を通して南半球クロミンククジラの系群構造が次第に明らかにされてきた．彼らは，インド洋東部からオーストラリア南部を経てニュージーランド南部までの南極海に回遊してきたクロミンククジラの系群構造に関して，当該水域ではインド洋東部（東経100度が中心）を主な生活領域（摂食域）とするグループが中心で，季節や年により他のグループが混ざり合うという時空間的構造を明らかにした（Pastene et al., 1996）．一方，これらグループの遺伝的差は小さく，はたして管理上の系群と言えるのかが問題となってきた．言い換えると，遺伝学的手法に基づく系群とは何か，すなわち遺伝的違いがどのくらいのレベルになったら異なる系群（個体群）と言えるのかといった基本的問題をも彼らは提起した．

---

* ドワーフタイプ：ミンククジラ（*B. acutorostrata*）の矮小型で，現在はその亜種とされている．クロミンククジラ（*B. bonaerensis*）と異なり，胸ビレに白いバンドがある．

---- **Note** ----

　核酸（RNA）やヌクレオチド（核酸を構成する分子量の小さい化合物（単量体）の総称）では，その構成要素であるピリジン核あるいはプリン核をもった部分が普通塩基性であることから，糖部分やリン部分と区別して塩基と呼ばれている．その塩基は，アデニン，グアニン，後者にはシトシン，チミン，ウラシルなどがある．これらの塩基の配列は，DNA や RNA における遺伝情報を形成する．

　核外遺伝子であるミトコンドリア DNA（mtDNA）は，核 DNA と比較して塩基置換速度が速く，より多くの変異を蓄積しているので，種間あるいは同じ種内の系群構造の解明に利用されている．ある群集あるいは集団内の遺伝情報である mtDNA の多型は，ハプロタイプあるいは塩基の多様性を調べて推定する．ハプロタイプの多様度（通常 h として記載）は，標本数 n，x_i を i 番目のハプロタイプの頻度とした場合，異なるハプロタイプ頻度の関数として以下の式で得られる．

$$h = n(1 - \Sigma x_i)^2 / (n-1)$$

　このハプロタイプ多様度は，すべての個体が同じ場合は 0，すべての個体が違う場合は 1 の値をとる．一方，DNA 多型の指標である塩基多様度は，以下の式で個体間の平均的な塩基配列の違いにより定義される．

$$\pi = n \Sigma x_i x_j \pi_{ij} / (n-1)$$

　x_i は DNA 配列のハプロタイプ i の集団内における頻度で，π_{ij} は DNA 配列のハプロタイプ i と j の間で異なっている塩基の割合である．

　なお，海産哺乳類に関する DNA を中心として分子生物学的研究が，「Molecular Genetics of Marine Mammals」(Dizon, A. E., Chivers, S. J. and Perrin, W. F. eds.) Special Publication No.3, The Society for Marine Mammalogy にまとめられているので参考にされたい．

(2) 北西太平洋ミンククジラ

日本の沿岸捕鯨の対象であった北西太平洋ミンククジラの系群構造の解明に関しても，日本は積極的な役割を果たしている．従来日本沿岸を含む北西太平洋の系群は，外部形態や酵素による遺伝学的な知見から日本海－黄海－東シナ海系群（J系群）とオホーツク海・北西太平洋系群（O系群）に分類されてきた．IWC科学委員会では，これらの水域のミンククジラ資源管理にあたり，これまでの知見の見直しを行った中で，上記2系群以外の系群（W系群）が存在するかどうか議論が続いていた．

日本鯨類研究所の遺伝研究グループは，IWC科学委員会に対して科学的な情報を提供し，議論を収束させるために当該水域で得られた試料のDNA分析を行った．彼らは，1994年から1995年にかけて北西太平洋で行われた捕獲調査による121個体と過去の捕鯨による保管試料の合わせて477個体について，mtDNA中で最も変異が蓄積されている制御領域をPCR法で増幅後，RFLP分析を行い，8種類のハプロタイプを検出した（Goto and Pastene, 1997）．太平洋側では沿岸と沖合を問わず1型の占める頻度が高く，日本海－黄海の韓国水域では1型は認められず5型が主で，次いで3型の頻度が高く，オホーツク海の4月では韓国と同じ3型と5型が比較的多く現れ，他の月では太平洋側の型が多く出現した．これらの結果から，北西太平洋にはJ系群とO系群が存在し，O系群において沿岸域と沖合域でもハプロタイプ頻度に差が見られないことから，いわゆるW系群は存在しない可能性が示唆された（Goto and Pastene, 1997）．なお，彼らはさらに上記試料に加えて1999年までの試料を追加するとともに，日本海側やアメリカ西岸で混獲・座礁した個体標本を追加してより精度が高いmtDNA制御領域（487塩基対）の塩基配列分析を行っている．

(3) 南半球ザトウクジラ

Pastene and Baker（1997）は，南極海で行われているJARPA調査期間中にバイオプシー標本採取（5・3参照）で得られたザトウクジラの標本や南半球の各水域で同様な方法で採取された試料から，南半球に生息するザトウクジラの系群構造を調べた．彼らは，摂食域である高緯度海域と，繁殖域および回遊路である低緯度海域の標本を用いて包括的な解析を行った．

摂食域である南極海第III区（東経0度から東経70度－インド洋西部），IV区（東経70度から東経130度－インド洋東部），およびV区西側（東経130度から西

経170度−南太平洋西部）からそれぞれ27，17，15個体の合計59個体を，繁殖域および回遊路にあたる西オーストラリア，東オーストラリア，トンガおよびコロンビア（第VI区に相当）からそれぞれ26，14，20，33個体の合計93個体を用いて解析した．彼らは，mtDNA制御領域内の219塩基対を対象とし55種類のハプロタイプを検出した．各水域グループにおけるハプロタイプ頻度をもとにAMOVA（Analysis of Molecular Variance）法を用いて統計解析を行い，これら水域グループでは繁殖域および回遊路では遺伝的な差が認められ，少なくとも3つのグループに分かれることが示唆された．一方，高緯度の摂食域では個々の遺伝的な差は少なく第IV区とV，VI区の集団が分化している結果となった．これは，繁殖域および回遊路の低緯度海域では顕著に遺伝的分化が見られるが，摂食域の高緯度海域ではそれぞれの海区に分布するザトウクジラが比較的棲み分けしているものの，異なる繁殖集団が混合している可能性を示唆していると考えられている．

1）尾ビレの模様の地域差と個体群

小笠原ホエールウオッチング協会の森 恭一博士も加わったグループでは，全世界のザトウクジラ尾ビレ内側模様の写真を集め，ザトウクジラの回遊や来遊個体数，そして異なる繁殖域間の交流などさまざまな検討を行っている．その中の一つに尾ビレの模様の地域差がある．エール大学（現米国自然史博物館）のRosenbaumら（1995）は，太平洋（沖縄，小笠原，ハワイ，メキシコ，中南米，オーストラリア東岸），大西洋（カリブ海），そしてインド洋（オーストラリア西部）の既知の繁殖域で撮影された3,854頭の尾ビレの模様を図2-28のように1（白）から5（黒）までの5段階のパターンに区分けして，それぞれの繁殖域でどのパターンが出現しているかを解析した．

その結果，オーストラリアの東西の個体群は，1の白い模様のグループが8割以上を占め，一方，日本の小笠原や沖縄の個体群では5の黒い模様の個体が5割近くを占めていることが明らかとなった．これらの違いを統計的に検定した結果，特に南半球の系群と北太平洋の系群で大きな差が見られたこと，そしてハワイと日本，メキシコと日本，メキシコとハワイ，オーストラリアの東と西，コロンビアと西インド諸島との間には差が見られず，交流がある可能性が示唆された．これらは，実際に写真で標識された個体がそれぞれの水域の両方で発見されたという報告（Darling and Cerchio, 1993；Darling and Mori, 1993；Darling et al., 1996；Calambokidis et al., 1997）とよく一致している．またDNA分析で

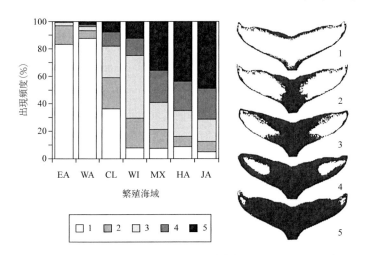

図 2-28 ザトウクジラの尾ビレ模様パターンの海域差（Rosenbaum *et al.*, 1995）
EA- 東オーストラリア，WA- 西オーストラリア，CL- コロンビア，WI- 西インド諸島，MX- メキシコ，HA- ハワイ，JA- 日本．

も明らかにされたとおり，過去に交流がなされたということが外部形態という遺伝子の表現型に現れたとも考えられる．

（4）北大西洋ネズミイルカ

これまでクロミンククジラとザトウクジラといった大型のクジラの系群構造を説明したが，これらの種は長い距離を遊泳する能力が高い外洋性の種である．そこで次に，小型で比較的分布域が限定されていると考えられている沿岸性のクジラ類の系群構造を見てみる．

北大西洋に分布するネズミイルカには現在 14 の地域系群が報告されている（Gaskin, 1984）．これら系群の遺伝子を Rosel ら（1999）が調べた．北大西洋での本種の分布（図 2-29）は，東側ではアフリカ大陸北西沿岸からスペイン沿岸，西ヨーロッパ沿岸を経てノルウェー沿岸に至る．これとは切り離されて黒海東岸に系群が存在する．一方，西側は北米東岸からカナダ沿岸を経てグリーンランド西岸に至る．この他に北大西洋中央部のアイスランド周辺水域にも分布する．この東西の分布の間では本種はまれに散見される．著者もアイスランド政府から招待されてアイスランド南西部と西部の調査に参加した際に本種をかなり沖

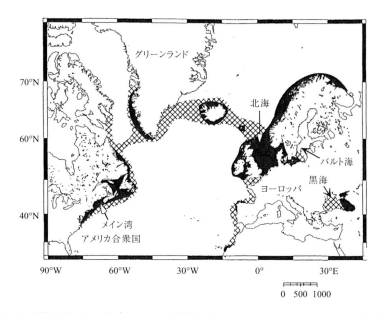

図2-29 北大西洋におけるネズミイルカの分布範囲（Gaskin，1984；Rosel et al., 1999を改編）

合で視認した．しかしながら，本種は極めて沿岸性が強く，これまで深海からなる大洋を越えて移動することがあるのかどうかに関しては否定的であった．一方，本種は冬場沿岸域から姿を消すために，あるいは沖合から遠洋にかけて移動している可能性も議論されてきた．

　Roselら（1999）は，329頭のネズミイルカのmtDNAを調べた（図2-30）．北東大西洋系群と北西大西洋系群では明らかな差がみられ，大洋を越えて移動交流することは極めて低いレベルでしか行われていない可能性を示唆した．さらに，北東大西洋のネズミイルカの遺伝的変異は，北西大西洋のそれより顕著に小さいことを示した．これは北東大西洋の系群は，北西大西洋から移ってきてまだ間もないことによると考えられた．そして，北西大西洋と北東大西洋との間の遺伝的分離はおそらく西グリーンランド周辺で生じていると示唆している．

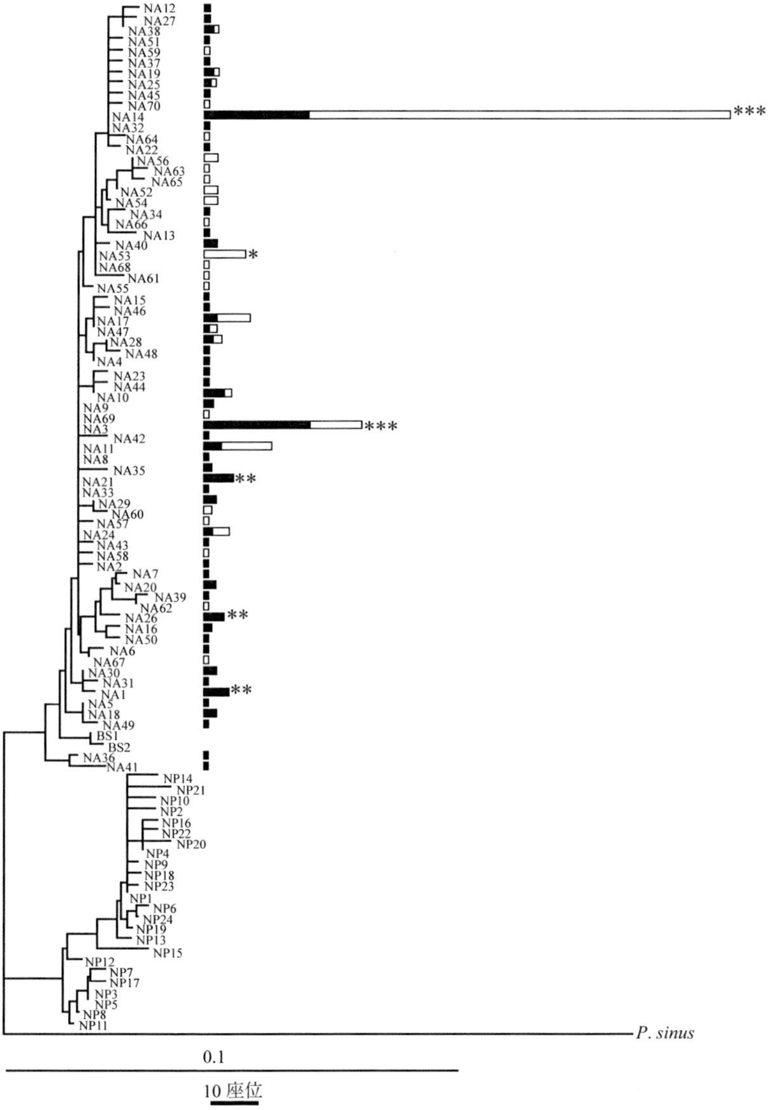

図 2-30　ネズミイルカの mtDNA の系統樹
　　　　北大西洋（NA），黒海（BS），北太平洋（NP），外群としてコガシラネズミイルカ（*P. sinus*）．右側の頻度分布は，それぞれのハプロタイプの出現頻度を示し，白い部分は北東大西洋，黒い部分は北西大西洋を示す．北東大西洋と北西大西洋で有意水準 5% で異なる場合は*，1% で異なる場合は**，0.1% で異なる場合は*** で示してある（Rosel *et al.*, 1999）．

2・3　クジラの回遊と移動

2・3・1　クジラの回遊
(1) なぜクジラは回遊するか

　寒冷な水域と温暖な赤道域を行き来する大規模な回遊の引き金は，更新世の氷河期と温暖期にさかのぼる．ヒゲクジラの仲間は，氷河期には自らの先祖が派生した赤道付近の暖かい海域で生活していたが，地球が温暖化した間氷期になると，赤道近くまで張り出していた氷域は次第に極近くの高緯度に後退した．その移動につれて，より生産力の高い高緯度の冷水域にまでクジラ類はその生活領域を放散・拡大させた．この放散の過程で動物プランクトンの豊富な海域を利用する特性をかちとったと考えられている（Gaskin, 1982）．さらに，動物プランクトンとヒゲクジラの間の食物連鎖段階が結果として短く，基礎生産の利用が効率的であることが，南極海でのナガスクジラ類の大型化と繁栄をもたらした．

　一方，極域やその周辺の冷水域では，秋をすぎると動物プランクトンの密度が急激に減少し，また海水温度の低下と気象条件の悪化が現れはじめる．これらの極域の冬季の厳しい環境は，新しく生まれ出る新生児にとっては，厳しすぎる．仔クジラは親に比べて体表面積／体重比が小さく，また脂皮も薄いため，環境水との断熱機能が弱く熱の消失が激しく，体温の 1/10 以下にもなる極域での長期間の滞在には適していない．したがって，出産と仔育てのために温暖で静かな海域が必要となる．この生存・成長のためのエネルギー補給と次の子孫を残す繁殖のため異なった海域間の移動が必要となることが，回遊の要因と考えられている．

　ヒゲクジラのほとんどの種は大規模な回遊を行うが，ホッキョククジラは他のヒゲクジラよりはるかに厚い脂皮（40 cm 以上にもなる）を持つことにより寒冷域での生活に適応し，大規模な回遊を行わず，極域内の水域で摂食と繁殖を行っている（Nerini *et al.*, 1984）．また，コセミクジラの季節的移動に関してはほとんどわかっていない（Ross *et al.*, 1975）．この他，ハクジラ類のマッコウクジラ，トックリクジラ類や一部のアカボウクジラ類を除くハクジラ類は，ほぼ同じ水塊の中に生活領域を持ち大規模な回遊や移動を行う．これは，主な餌となるイカ類や群集性の魚類自体が同じ水塊内に散在し，あまり大規模な移動を必要としないからと考えられている．

> ──── Note ────
> 　食物エネルギーは，植物に源を発し，捕食，被食を繰り返しながら一連の生物群を通って移行するが，各移行段階でかなり（約 8〜9 割という大きな割合）潜在エネルギーが熱として失われる．したがって，食物連鎖が短ければ短いほど，すなわち食物連鎖のはじまりの位置に近い生物ほど利用できるエネルギーは大きい．また，恒温動物では呼吸に使われる同化エネルギーの割合は，体温を高く保つために，変温動物よりも約 10 倍多いので，効率は海産哺乳類などの恒温動物では低い．

(2) コククジラの回遊パターン

　コククジラは，沿岸性でその回遊と繁殖域が最もよく知られている種類である．そして，本種は海鳥（キョクアジサシなど）を除く動物で最も長距離の回遊をする生き物としても有名である．本種の回遊に関して，無線標識や衛星標識で多くの仕事をしている米国の Bruce Mate 博士らは，1979〜1980 年に 18 頭のコククジラに衛星標識を装着し北上回遊の様子をモニターした．

　その中の1頭の北上回遊の履歴を図2-31に示した．1979年2月27日に無線標識を装着されたコククジラの成鯨は，約1ヵ月後の4月9日にはサンディエゴ沖，5月初旬には米国のオレゴン州沖に達し，6月1日にベーリング諸島のウニマック海峡を通過し，ベーリング海の摂食海域に入った．この間，約3ヵ月の北上回遊であった．平均遊泳速度は，85〜128 km／日である．カリフォルニア半島から米国オレゴン州までの平均速度は 31〜65 km／日であり，以後オレゴン州からウニマック海峡までは 95 km／日と遊泳速度を上げ，ベーリング海を目指している．

(3) クロミンククジラの回遊パターンと回遊速度

　コセミクジラを除くヒゲクジラは，南北回遊を行うことが知られている（Mackintosh, 1965；Best, 1977；Kasamatsu, 1993；Kasamatsu et al., 1995）．特に冷水域での生活と，そこで多量に発生する動物プランクトンを高度に利用するような適応によって繁栄をかちとったヒゲクジラにとって，オキアミ等の動物プランクトンの爆発的増加がもたらされる冷水域への摂食回遊は，最も重要な行動である．

　現在知られている回遊パターンは，いずれも沿岸性の種であるコククジラ，

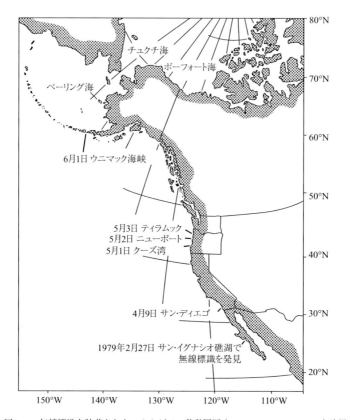

図2-31　無線標識を装着されたコククジラの移動履歴（Mate and Harvey, 1984 を改編）

ザトウクジラやセミクジラが主である．外洋性の種であるナガスクジラ科のシロナガスクジラやクロミンククジラ等では，赤道海域から極域を含む寒冷域間を回遊することはわかっているものの詳細な回遊パターンは現在でもほとんど知られていない．特に，クジラの群集あるいは個体群という単位で，どのような回遊を行っているかに関しては断片的な情報に限られていた．

　そこでKasamatsu ら（1995）は，日本が1976年より実施している南半球における目視調査航海の資料をまとめ，クロミンククジラの回遊パターンを検討した（図2-32）．南半球における月別の緯度10度毎のクロミンククジラの遭遇率（探索1,000浬当たりの発見頭数）の変化を見ると，10月のクロミンククジラの出現のピーク（南緯10〜20度）が，11月には明らかに南下し南緯20〜30度に移っ

た．12月中旬以降になると，南緯40度以南では特に目立ったピークは見られず，逆に南緯60度以南の南極海での密度が急増していることが明らかとなった．この事実から，クロミンククジラの一部は，11月の段階ですでに南極海に進入しているものの，主群は10月頃よりゆっくり南下を開始し，11月頃には南緯40度前後の亜熱帯収束線付近まで南下していること，そして12月に

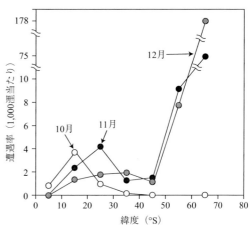

図2-32 南半球におけるクロミンククジラの経度10度毎の出現（Kasamatsu et al., 1995）

は亜熱帯収束線を越え南大洋に入り，最後に南極収束線を越えて南極海に入り，ほとんどの個体は1月までには南極海に回遊することが示された．

　この解析に使用した調査は，クロミンククジラの繁殖後期から摂食期後期までしかカバーしていないために，クロミンククジラの周年にわたる回遊パターンは不明であった．南緯30度にある南アフリカ・ダーバンと南緯7度にあるブラジル東北地方のコステラでは，それぞれ1972年から1981年まで本種が捕獲されており，これら地方の沖合に出現する本種の密度の月別変化が調べられていたので（Best, 1982；Holt et al., 1982），この情報を重ね合わせて周年の回遊パターンを検討した（図2-33）．摂食域におけるクロミンククジラの主な集団は，2月後半より3月にかけ繁殖海域（南緯30度以北）への北上を開始し，主群は3月から4月にかけて北上すると考えられた．そしてほとんどの個体は，5月までには繁殖海域に入る．

　繁殖域から摂食域への南下は，比較的一斉に行われるのに対して，摂食域から繁殖域への北上は，南下期に比べてバラバラに北上する傾向が見られる．これは，摂食域での栄養補給には個体差があり，繁殖域での餌利用度の低い状態に耐えられる体力を早めに蓄えた個体とそうでない個体があることや，出産近い雌は早めに北上しなければならないこと，一方，妊娠初期でより多くの栄養を蓄えるために比較的長く摂食に励む雌等，性や成熟段階による北上開始時期

の差がかなり大きいためと考えられる．

　本種の摂食域までの南下回遊の速度を考えてみる．図 2-33 のデータを緯度 5 度毎・半月毎の密度変化を調べると，10 月後半の密度のピークは南緯 15 〜 20 度に見られ，このピークは 11 月後半には南緯 25 〜 30 度に，そして 12 月初めには亜熱帯収束線（ほぼ南緯 40 度）北部の南緯 30 〜 35 度に移っていた．この変化からクロミンククジラの主群は，約 1.5 月の間に緯度で約 15 度南下していることがわかった．このことは，亜熱帯収束線付近まではおおよそ 1 日 20 浬（約 37 km）の速度で南下していることを示している．12 月後半以降，南緯 60 度以北では密度のピークが見られないことと，一方，南緯 60 度以南で急激な密度の増加が見られ，1 月後半に最大の密度となることから，12 月中旬に南緯 35 〜 40 度から 1 月中旬の南緯 60 度以南まで南下するものと考えられる．この間の速度は 1 日約 40 〜 50 浬（74 〜 93 km）と計算される．したがって，クロミンククジラは亜熱帯収束線付近までは，比較的ゆっくりした速度で南下するものの，亜

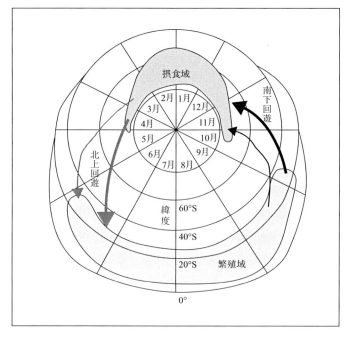

図 2-33　クロミンククジラの回遊パターン

熱帯収束線を越えて寒冷水域に入ると一気に速度を2倍程度に上げて南下していることが明らかにされた．比較的温暖な亜熱帯収束線以北と急激に温度が減少する亜熱帯収束線以南で回遊速度が異なる可能性は初めて示唆された．おそらく，急激に温度が下がる亜熱帯収束線以南での回遊によるエネルギーの消失をできる限り少なくし，できるだけ早く摂食域にいき着く行動をとっているのではないかと考えられた．このように冷水域で速度を上げる傾向は，前述のコククジラにも見られる．

　クロミンククジラの回遊速度が直接観測された例は今までないが，オーストラリアのドービン（Dawbin, 1966）は，同じような見方に基づいてザトウクジラの回遊速度を1日30浬と推定している．これは，クロミンククジラの平均回遊速度とほぼ同じである．この他，沿岸性のコククジラでは1日17〜50浬，ホッキョククジラでは1日40〜61浬と推定されている（Pike, 1962；Leatherwood, 1974；Mate and Harvey, 1984；Wursig and Clark, 1994）．

(4) 成熟段階や雌雄による回遊時期の差

　回遊は決してクジラの個体群全部が同時に行う集団移動ではなく，むしろ長く伸びた行列のようなものである．クジラの各個体が典型的な回遊パターンにしたがうかどうかは，個体の過去の繁殖の歴史，栄養，健康，年齢や海洋環境等が関係する．南極海におけるクロミンククジラの摂食期での雌雄別の出現を調べてみると，雌雄で異なった回遊をしてくる様子がわかってくる（図2-34）．南極海で捕獲されたクロミンククジラの雌雄比の月別・緯度別変化を見ると，最も良好な摂食域と考えられる南極海のパックアイスに近い海域においては11月には雄が優勢だが，月を経るにしたがって次第に雌の割合が高まり，3月になると雌雄比が逆転して雄の割合が高くなっていた．これらのことは，南極域の摂食海域では，まず雄が来遊し，続いて雌が中心の集団が到着し，雌中心の群集が摂食を十分行い，北上しはじめる3月末には，雄は雌が占拠していた良好な餌場である南極大陸近くのパックアイス際に引き続いて残ることを意味していると考えられた．

　最近の藤瀬ら（Fujise and Kishino, 1994）の研究によると，日本が行っている南極海でのクロミンククジラ特別捕獲調査（JARPA）から得られた詳細なデータ解析から，摂食期の最初に南極海に来遊する雄の主体は，若い雄であり，成熟した雄は，季節の進行とともにその密度を増加させること，摂食盛期に来遊

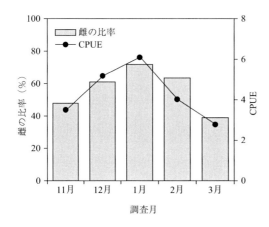

図2-34 南極海におけるクロミンククジラのCPUEと性比の月別変化（Kasamatsu and Ohsumi, 1981を改編）

するのは成熟あるいは妊娠した雌が中心であり，これらの雌は餌や海洋環境が良好な最も南側の海域に分布していることがわかってきた．

(5) クジラの回遊路

陸上でも長距離を移動しなければならない動物は少なくない．繁殖域と摂食域との移動（回遊）や，餌状態の変化に伴ってより肥沃な土地への定期的移動等の場合，移動のコースはエネルギーの消耗が少なく，かつ安全であるということが最も重要な要素となる．特に仔連れの場合には後者が重要となる．陸上の動物の場合は，かなりよく知られているが，海の中を移動する海産哺乳類，特にイルカやクジラの移動や回遊のコースは，コククジラというごく沿岸性の種を除いてほとんど知られていない．特に大型で外洋性のクジラに関しては偶発的な情報に限られていて，そのほとんどは知られていないのが現状である．このような外洋性のクジラで大規模回遊を行う種にも，はたして決まった回遊路が存在するのか，クロミンククジラの季節的な分布密度の変化からクジラの回遊路が存在するか調べてみた．

図2-35に，クロミンククジラの低緯度の繁殖海域・中緯度の南下回遊域および高緯度の摂食域という3つの期間と3つの緯度帯の密度指数の分布を示した．まず南太平洋側を見てみると，東側の西経100～120度間の低緯度（赤道から南緯30度）に比較的高い密度指数が見られ，南下回遊期の中緯度（南緯30度から南緯50度）でも，同じ経度間に高い指数が見出された．この高い密度域は，摂食域の南極海（主に南緯50度以南）では，やや東にずれ西経80～100度間に移っている．南太平洋西側でも低緯度海域の高密度域西経130～170度は，やや西側に拡大しながら南下している様子が示されている．インド洋側でもほぼ同様に，低緯度の繁殖域からほぼ真南に南下回遊している様子が明らかにさ

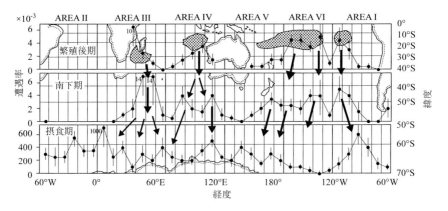

図2-35 クロミンククジラの南下回遊路（Kasamatsu et al., 1995を改編）
上段の影の部分は繁殖域を示す.

れた．このように，クロミンククジラは，繁殖海域の低緯度からまったくバラバラの方向に南下するのではなく，ほぼ真南に南下する回遊路をとることが初めて明らかにされた．これは，南下回遊の時には，南下回遊時のエネルギー消失をできるだけ少なくすることを優先し，早く摂食域に入ることが選ばれた結果と考えられる．

(6) 南極海での滞在日数

摂食のために南極海（あるいは南大洋）に回遊してきたクジラ類は，はたしてどのくらい滞在して摂食にいそしむのか．これまでの研究では（例えばMackintosh, 1965），ヒゲクジラ類の一般的な南極海での滞在日数は約120日と推定されていた．南極海での資源密度の季節的変化を見ると（図2-36），ある種類のクジラ類（クロミンククジラやシャチ）は，ある時期に急激に密度が増加し，そして急激に密度が減少する形を示し，シロナガスクジラやマッコウクジラ等は，調査期間中には緩やかな増減傾向を示していることがわかった．このような季節的変化から，これらの種の平均滞在日数を計算すると，シロナガスクジラで最も長く約125日，短い種はシャチの約70日と計算された．なぜ，種によって滞在日数が異なるのか．ここで，滞在日数とそれぞれの種の平均体長との関係を調べてみると，明らかに体長と滞在日数とがよく相関していることがわかってきた（図2-37）．なぜ，体長と滞在日数との間に相関があるのか，それは，体

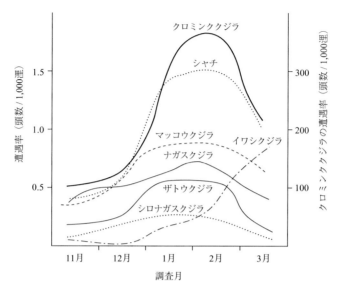

図2-36 南極海におけるクジラ類密度の月別変化（Kasamatsu and Joyce, 1995；Kasamatsu *et al.*, 1996 を改編）

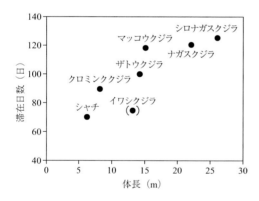

図2-37 南極海におけるクジラ類の滞在日数と体長

長の小さい種では体表面積の体容積に対する割合が小さく，寒冷域ではより大型の種よりも皮膚を通しての熱の消失と補給との間のエネルギー収支がよくないからである．摂食域では，3月末から餌資源の密度が急激に減少することが知られている．減少しはじめた餌資源から多少のエネルギーを蓄えても，それを寒冷域での体温維持や餌探索のための運動エネルギー等のためにすぐ燃焼してしまう滞在よりも，摂食を中断して体熱放散の少ない暖かい海域へ移動した方がよいという，何か境界的な期間があると考えられる．Brodie（1975）は，エネルギー収支上各種の特有の摂食期の

長さはその種の体長によって規制されると示唆している．
　滞在日数が長い種であるシロナガスクジラやナガスクジラがなぜ大型化したのかという理由は，爆発的に発生する動物プランクトンを直接利用できる（すなわち，食物連鎖が短いこと）ことと，摂食域から離れて餌が極めて少なく絶食に近い状態が要求される繁殖域での生活に適応するために，体長を大きくし（体長が大きいことは脂皮の面積が大きくなる）脂肪をできるだけ多く脂皮に蓄えられるように適応進化したものと考えられている．このように，大型の種ほど熱の消失と補給との間のエネルギー収支がよく，餌資源の減少や寒冷化等の多少の環境変化があっても摂食域で長く滞在してエネルギーの補給に努めていた方がよいわけである．シロナガスクジラでは，その大型の体と豊富に蓄えられた脂肪により，繁殖域ではほとんど餌を食べないと考えられている．また，本種はその狭食性（ほとんど動物プランクトンのみ）のために，赤道近くの海域で十分な餌資源を確保することも困難である．一方，比較的小型で滞在日数の短いクロミンククジラやシャチでは，摂食域で蓄えたエネルギーだけでは，その体長が小さいことから蓄えられた脂肪も少なく，長い繁殖期を乗り越えることは困難である．したがって，これらの種では，繁殖域でも何らかの摂食が行われていなければならないことになる．大型のシロナガスクジラより小さく滞在時間も短いザトウクジラでは，繁殖域での摂食行為が確認されている（Baraff *et al.*, 1991）．これらのより小型の種では，シロナガスクジラと異なり雑食性が強く，したがって，低緯度の湧昇域のような海域で生産される多様な生物群集を巧みに餌資源として利用することによりエネルギーを確保しているものと思われる．

2・3・2　クジラの移動
(1) 標識銛や無線・衛星標識から見たクジラ類の移動
1) 標識銛
　標識自体はその個体が持つ特徴を識別できるものであれば何でもよいが，これといって体に個体識別ができる特徴のないシロナガスクジラ，ナガスクジラやマッコウクジラなどに対しては，人工の標識銛が利用されていた．標識－再捕（回収）法あるいは標識放流法とも呼ばれる方法は，個体数の推定とその個体（あるいはその個体を含む個体群）の移動や回遊に関する情報を得ることを目的としている．

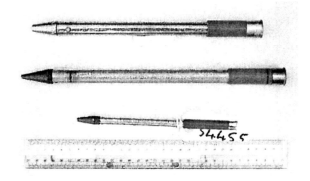

図2-38 クジラに用いられる標識銛
上2本が大型クジラ用で，下1本が小型クジラ用（主にクロミンククジラに用いられた）．クジラの体内深く入りすぎないように火薬の量が調節され，発射前には銛を消毒する．

　クジラに対する標識銛としては，図2-38に示したアルミ製の12番口径の大型クジラ用標識銛と.410（ポイント410）口径用の小型クジラ用の標識銛がある．
　図2-39に南半球のナガスクジラ，ザトウクジラの標識−再捕の結果を示した．低緯度の捕鯨場と南極海捕鯨場間の移動の様子を知ることができる．ナガスクジラとザトウクジラともに途中の詳細な移動の様子はわからないが，経度方向への移動は少なく，ほぼ南北の移動が行われていることが示唆されている．また，図2-40には，南極海で標識され再捕されたクロミンククジラの標識時と再捕時の位置を示した．クロミンククジラの場合には，多くの個体が標識した位置と再捕された位置が近い．すなわちほぼ同じ回遊・移動ルートをとっている可能性が示唆されているが，いくつかの個体では東西に大きく移動している様子が示されている．
　北太平洋のニタリクジラへの標識は，捕鯨場での夏季の標識とは独立に，調査船により低緯度（ニューギニア沖）で組織的に標識調査が行われた．この調査により，捕鯨場以外，特に繁殖域と思われる低緯度と夏季の摂食場との間の移動の情報が入手された．ニタリクジラの場合，図2-41からわかるように北西太平洋をかなり自由に移動している可能性が示唆されている．

2）無線および衛星標識
　電波発信機の小型化が，1970年代以後急速に発達した．それに伴い従来陸上の大型動物への適用に限られていた無線標識が海産哺乳類へ適用できるように

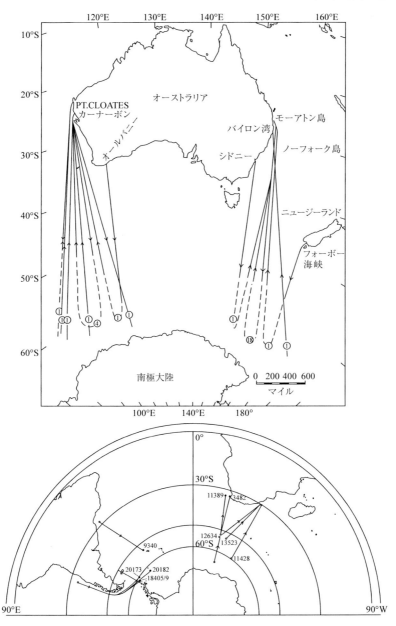

図 2-39 南半球のナガスクジラ（上）とザトウクジラ（下）の標識－回収の結果
ナガスクジラは Brown (1962)，ザトウクジラは Chittleborough (1959) のデータから引用．

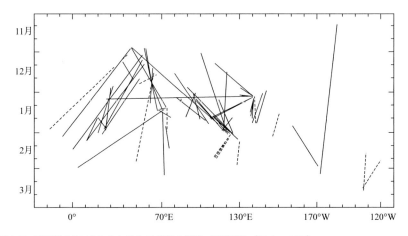

図2-40 南極海のクロミンククジラ64個体の標識－再捕結果（Wada, 1984）
標識位置と再捕位置を直線で結び，実線は次年度以降に再捕された個体，破線は同じ年度内に再捕された個体を示す．

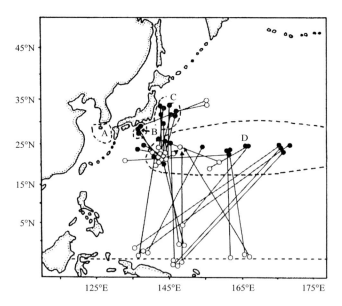

図2-41 北太平洋ニタリクジラの標識－再捕結果（Miyashita, 1985）
白丸は標識位置，黒丸は再捕位置，A-Dは主要な捕鯨場を示す．

なり，無線を使ったクジラ類の行動や移動調査が増加した．加えて1980年代に入り人工衛星の利用が可能となり，広範囲な移動・回遊調査も可能となった．

特に，生きたまま捕獲が可能な小型のクジラ類（ネズミイルカや他のイルカ類）や動きの遅い大型クジラ類に対しては，無線あるいは衛星標識は，これらクジラ類の行動生態，移動と生息領域の特定に威力を発揮した（図2-42）．しかしながら，生きたまま捕獲し装置を装着できない動きの速い遠洋性の大型クジラ類に対しては，装着の困難さからなかなか成果が得られなかった．しかし，1990年代後半に入り様々な工夫が実り，徐々に人工衛星とリンクした無線発信機による大型クジラの移動，行動生態が明らかとなりはじめた．

図2-43は，そういった動きが速く外洋性の典型であるナガスクジラの衛星標識の成功例である．ウッズホール海洋研究所のWatkinsら（1996）はアイスランド政府（アイスランド海洋研究所）の協力を得て1994年8月12日北大西洋アイスランド沖（北緯64度，西経27度25分）にて1頭（推定体長16 m）のナガスクジラに人工衛星とリンクする無線標識の装着に成功した．このナガスクジラには体長約12 mの仔クジラが付き添っていたことから，雌であると考えられた．このクジラから発信された信号は，人工衛星ARGOSにより43日間にわたり受信され，1日1回から21回位置が確認された．これらの位置情報から，このクジラは1日平均約36 km（範囲1.9～156.6 km）移動し，その平均遊泳速度

図2-42　バンドウイルカの背ビレに装着された衛星標識（Mate *et al.*, 1995）

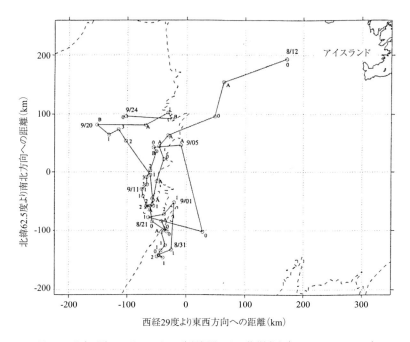

図2-43 北大西洋のナガスクジラの衛星標識による移動履歴（Watkins *et al.*, 1996）

は1.5 km/時間であった.

　このクジラは，図2-43からもわかるように，水深が約2,000 mの境界付近（表面水温約9～10℃）をほぼ南北に移動している様子が示された．著者らがこの付近の海洋特性との関係を検証したが，特に海洋特性との関係は得られなかった．標識装着後標識内の温度はほぼ33℃を記録し，ほぼクジラの体温に近い温度を示した．43日後この温度は9℃に下がり，その後の数日間同じ温度を示したことから，この標識はクジラから離れたと考えられた．

（2）自然標識が示すクジラ類の移動

　すでに2・2・6（3）で示したように，ザトウクジラの尾ビレの模様は自然標識として利用されている．北太平洋においては，この尾ビレの写真が急速に集められ，回遊や移動の履歴の証左として使われはじめた．図2-44は，尾ビレの写真観察の結果から示された北太平洋におけるザトウクジラの移動・交流である

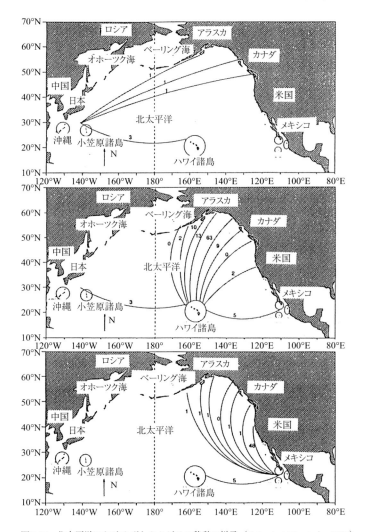

図2-44　北太平洋におけるザトウクジラの移動の様子（Calambokidis *et al.*, 1997）

(Darling and Cerchio, 1993；Darling and Mori, 1993；Darling *et al.*, 1996；Calambokidis *et al.*, 1997)．これらは，北太平洋のザトウクジラ系群において各繁殖水域間では限定されているものの交流があることを示している．

また，南アフリカのBest博士ら（Best *et al.*, 1993）は，南大西洋のミナミセ

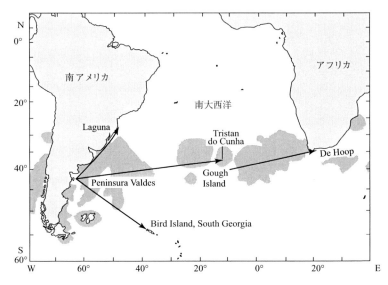

図 2-45　南大西洋における 6 頭のミナミセミクジラの移動
　　　　図中の影の部分は Townsend（1935）の 19 世紀捕鯨場を示している（Best et al., 1993 を改編）.

ミクジラ 6 頭の写真による個体識別から，南大西洋西部アルゼンチンのバルデス半島から南大西洋中央部の Tristan de Cunha へ，あるいは同中央部 Gough 島から南アフリカ喜望峰への大規模な移動の様子を示した（図 2-45）.

　これらの結果は，単に各個体の移動履歴を示すのみならず，異なる繁殖海域の間を行き来する個体が存在することを示している．このことは，ザトウクジラやセミクジラのような沿岸性の種や個体群であっても広大な大洋は何ら境界とはなっておらず，また個体群の遺伝的斉一性の基礎となる繁殖域の隔離が完全でないことをも示している．

　このように，ザトウクジラやセミクジラの個体識別可能な特性を生かした自然標識は，移動や回遊あるいは繁殖域間の交流の様子を示すことができるが，他の外洋性で体に標識として利用できる特徴がない種では，人工標識（衛星標識を含む）などの方法によらざるをえない．今後，装置の改良などによりナガスクジラ類に対する研究が進むことが期待される．

(3) 同位体比が示すクジラの移動履歴
1) 同位体比とは
① 同位体と同位体比

生物体を構成する水素（H），炭素（C），窒素（N），酸素（O）などには陽子数が同じでも中性子の数が異なる安定同位体が存在する．例えば，安定同位体 ^{14}N と ^{15}N は，周期表の上では同じ位置に属し化学的性質が似ているが，中性子の数が異なり，その誕生にはまったく別々の核反応が関与している．^{14}N が比較的温和な条件（$10^9 - 10^{10}K$）で多く生成するのに対して，^{15}N は超新星の爆発のような激しい非平衡な条件下で多く生成する．この窒素原子の場合，自然条件下で ^{14}N が99.6％，^{15}N が0.4％存在する（表2-2）．

通常安定同位体比は特定の標準試料からの差を千分率（δ 値）で表す方法がとられている．例えば，$\delta\ ^{15}N$ の場合

$$\delta\ ^{15}N = \left(\frac{^{15}N / ^{14}N - 試料}{^{15}N / ^{14}N - 標準} - 1 \right) \times 1,000$$

標準試料としては，H と O に対しては海水（Standard Mean Ocean Water, SMOW），C に対しては PDB（米国サウスカロライナ州の Pee Dee 層から得られた矢じり石 – belemnite –，主成分は $CaCO_3$ の化石で海水中の HCO_3^- とほぼ同じ ^{13}C 含量を示す）．N に対しては，大気中の N_2 を用いている．δ‰（デルタパーミル値）がプラスであることは標準試料より重い同位体の含量が高く，マイナスは低いことを意味する．上式によれば，マイナスの最低値は $-1,000$‰となり，重い同位体がまったく存在しない場合に相当する．

表2-2 生元素の安定同位体存在量

		同位体（％）	体重（％）
水素	^1H	99.9851	99.9702
	^2H	0.0149	0.0298
炭素	^{12}C	98.89	98.8
	^{13}C	1.11	1.2
窒素	^{14}N	99.635	99.609
	^{15}N	0.365	0.391
酸素	^{16}O	99.763	99.736
	^{17}O	0.0372	0.0395
	^{18}O	0.1995	0.02245

② 同位体効果

同位体の質量の相違によって生じる物理的，化学的反応を同位体効果と呼ぶ．気体の拡散，同位体シフト，加水分解，酸化還元，化合物の分解反応などの化学的現象に現れる．この同位体効果（安定同位体のゆらぎ）は，同位体交換平衡と反応速度に見られる同位体分別に分けられている．

よりわかりやすい説明として「動物では，動物の体外に排出される同位体に，軽い同位体が多いことからもたらされる．動物から排出される尿やアンモニアは体細胞に比べて $\delta^{15}N$ で -8 から -2‰程度まで軽いことが知られている．結果として動物の体は餌よりも3‰程度 ^{15}N が濃くなる．この性質は多くの種類の動物に共通していることが知られている．この濃縮を摂餌における同位体効果という．」（南川，1997）

③ 同位体による食物連鎖解析の原理
・動物体組織の同位体組成（$\delta^{15}N$, $\delta^{13}C$）は主として餌のそれによって支配される．
・食物連鎖にしたがって重い同位体が一定の割合で動物組織に濃縮する（同位体効果）．
・餌と動物の間の同位体効果は，動物の種類，生息環境，年齢や窒素代謝型の違いによらず一定である．
・長寿命の個体ほど同位体比の変動は少ない．
・餌の同位体比が種類や個体により変化したとしても，それを無差別に利用する同位体組成は狭い範囲に収束する．
・栄養段階の高い動物ほど同位体比は安定する．

④ 餌資源系統（$\delta^{13}C$）の解析の原理
・海水中の硝酸イオンを窒素源として生育した藻類と，窒素ガスの固定により生育した藍藻とは，それぞれ6‰と0‰の $\delta^{15}N$ を示すため，それらをタンパク質起源とする動物プランクトンや魚類の同位体比がどちらかの値の連鎖に属しているかが区別可能となる．
・植物の光合成炭素固定には C_3 型と C_4 型の2つの経路が知られている．自然界の C_3 型植物の $\delta^{13}C$ 値は -28.1 ± 2.5‰，C_4 型植物のそれは -13.5 ± 1.5‰で，両者に明確な差がある．
・したがって，$\delta^{15}N$，$\delta^{13}C$ 値のコンビネーションを調べることによって，栄養段階と餌資源系統に関する識別が可能である．

上記の原理の模式図を図2-46に，実例を図2-47に示した．

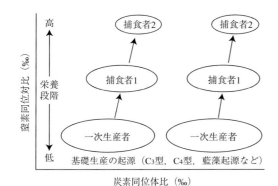

図2-46 生物群集内のδ^{13}Cとδ^{15}N値の変動の概念図

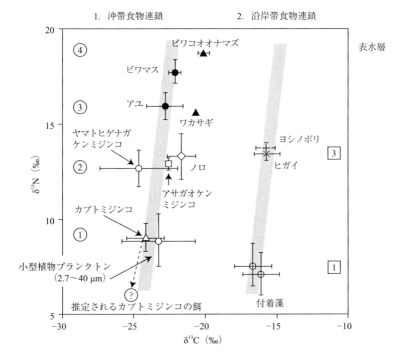

図2-47 琵琶湖北湖から得られた各種生物の炭素・窒素安定同位体比．図中の数字は栄養段階を示す
琵琶湖北湖から得られた魚，動物プランクトン，植物プランクトンのδ^{13}C－δ^{15}Nマップ）から，北湖表層水層には，植物プランクトン－ヤマトヒゲナガケンミジンコ－アユ－ビワコオオナマズ，ビワマスといった食物連鎖が存在することが認められる．一方，沿岸帯の付着藻は沖帯の植物プランクトンに比べ高いδ^{13}Cを示し，沿岸帯には付着藻類－ヒガイ・ヨシノボリといった食物連鎖が存在することが示唆されている（山田・吉岡，1999）．

2）クジラの安定同位体比解析

淡水および海洋の生物群集の食物網や食物連鎖の構造を安定同位体比を使って解析する試みは1980年代からかなり行われはじめたが，クジラに対する安定同位体比を使った研究はまだそれほど多くない．1980年代後半からクジラヒゲの安定同位体比を調べ，移動や年齢の推定，そして食性の研究が少しずつ見られてきた．

北極海の海洋生態系を長年追求してきたアラスカ大学のD.M. Schell 博士らは，ベーリング海と北極海の低次生産を含む生物群集の炭素・窒素同位体比を包括的に調べるとともに，これらの水域を生活領域とするホッキョククジラのヒゲ板の炭素と窒素同位体比を調べた（Schell *et al.*, 1989a；1989b；Schell and Saupe, 1993；Schell *et al.*, 1998；Hobson and Schell, 1998）．

図2-48，49からもわかるように，ヒゲ板の$\delta^{13}C$値は，ほぼ規則的に変化している．これらの変動は，ほぼ1年周期で変動していることが示唆されている．すなわち，環境中および基礎生産の$\delta^{13}C$値が異なる水域を行き来することにより，ヒゲ板の$\delta^{13}C$が規則的に変化すると考えられている．ホッキョククジラは，夏の摂食期にはビューフォート海やチュクチ海で過ごし，冬場はカナダの北極圏南側の氷縁近くで越冬することが知られている．これらの水域間では，動物プランクトンの$\delta^{13}C$値が異なることから（図2-50），この影響がヒゲ板に現れていると解釈されている．

南アフリカのP. B. Best 博士は，Schell 博士の協力を得て，南アフリカに保存されていたミナミセミクジラ（座礁した個体）のヒゲ板を同様の手法で分析した．

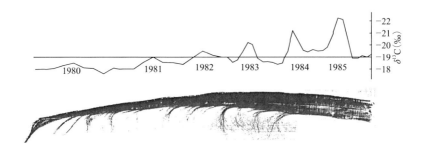

図2-48　ホッキョククジラのヒゲ板と$\delta^{13}C$値（Schell *et al.*, 1989a を改編）
　　　　ヒゲ板は，1986年に体長8.9 m の雌の捕獲個体から採取された．

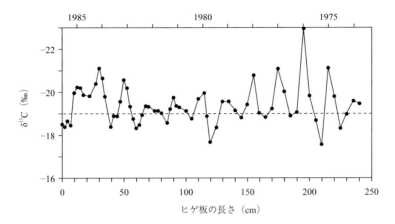

図2-49 ホッキョククジラのヒゲ板のδ^{13}C (Schell *et al.*, 1989a を改編)
ヒゲ板は，1986年に捕獲された体長12.3 mの雌クジラから採取されたもの．ヒゲ板は2.5 cmごとに切断され分析されている．左側ほど新しいクジラヒゲ，図上部の数字と小さな垂線はそれぞれの年の秋を示す．

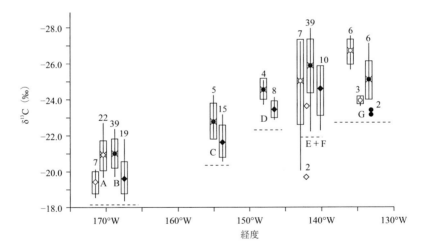

図2-50 北極海−ベーリング海における動物プランクトンのカイアシ類（ボックス中央の記号；◇6, 9月，◆8〜10月）とオキアミ類（○8〜10月，● 8〜10月）中のδ^{13}C (Schell and Saupe, 1993 を改編)
垂線はδ^{13}C値の範囲，ボックスは平均値の1標準偏差を，そして数字は標本数を示す．また，図中のA, Bは北部ベーリング海・南部チュクチ海，C, D, E, Fは西部，中部，および東部アラスカ・ビューフォート海，Fは西部カナダ・ビューフォート海，そしてGは南部カナダ・ビューフォート海を示す．

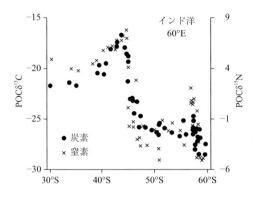

図2-51 インド洋における粒子状有機物（POC）のδ^{13}Cとδ^{15}N値の緯度方向での変化（Francois et al., 1993；Altabet and Francois, 1994；Best and Schell, 1996を改編）

ミナミセミクジラは，亜熱帯収束線（Subtropical Convergence, STC）の北側で冬場生活し，夏場になると亜熱帯収束線を越えて南大洋の摂食域で生活し回遊を行うことが知られている．この亜熱帯収束線（約南緯40度）の南北では，海水中の粒子状有機物のδ^{13}Cとδ^{15}Nの値が大きく変化することが知られている（図2-51）．これら基質中の同位体比の違いがヒゲ板に反映されていると考えられた（図2-52）．なお，ヒゲ板は約2～2.5 cm毎に切断されて同位体比が分

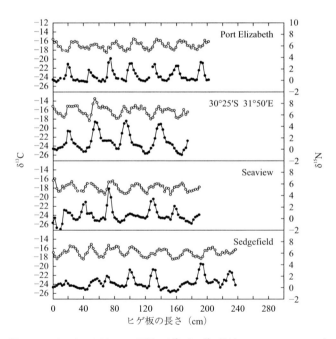

図2-52 ミナミセミクジラのヒゲ板のδ^{13}Cとδ^{15}N値（Best and Schell, 1996）

析されているが，この長さは幼鯨で 12 〜 15 日，成鯨で 27 〜 34 日の成長分をカバーしていると推定されている．

これらのメカニズムをわかりやすく図示すると図 2-53 の模式図となる．なお，この 1 年周期の変動から，移動や回遊の履歴を推察するのみならず，対象とする個体の年齢査定も試みられている．

2・3・3　北海道標津沖クジラ類群集の出現

広大な海域を移動するクジラ

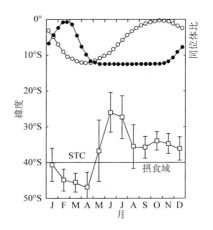

図 2-53　ミナミセミクジラのヒゲ板の $\delta^{13}C$ と $\delta^{15}N$ 値の変動の模式図（Best and Schell，1996 を改編）
●は $\delta^{13}C$，○は $\delta^{15}N$，そして□はミナミセミクジラの南北移動を示す．STC は亜熱帯収束線．

類に対する調査は，資金と人数が要求されるために，国やその関連機関，大学あるいは大規模なホエールウォッチング組織などに限られていた．佐藤（1996，1998a，b）は，北海道標津沖の根室海峡（図 2-54）の多様なクジラ類群集に注目し，ホエールウォッチング船の自然観察員を勤めるかたわら，個人の努力でこの海峡に出現するクジラ類群集を記録した．

彼女は 1995 年から毎年 4 月末，あるいは 5 月初めから 9 月末まで観察を行い，当該海域に出現するクジラ類の種類とその密度を詳細に記録するとともに，出現するクジラ類と他の野生動物との関係やクジラ類の行動生態をも観察し記録した．この海峡では，少なくともヒゲクジラ 2 種，ハクジラ 6 種が観測されている．佐藤は自らの目視観察と聞き取り調査および座礁や偶発的な目視報告から，出現する 8 種のクジラ類の季節的出現傾向を次のように報告している．ミンククジラはほぼ周年，ザトウクジラは 4 〜 7 月と 12 月，マッコウクジラは秋，ツチクジラは 3 〜 4 月と 8 〜 10 月，シャチは 2 〜 4 月と 7 〜 8 月，カマイルカは 6 〜 9 月，イシイルカは 4 〜 9 月，ネズミイルカは 4 〜 9 月．これらの種のうちマッコウクジラ，シャチ，ツチクジラは主に海峡北部の水深の深い海域（陸棚境界域）に出現し，出現頻度はあまり高くない（佐藤，1998b）．当該海域に頻繁に出現する 4 種の月別密度指数（遭遇率）を図 2-55 に示した．

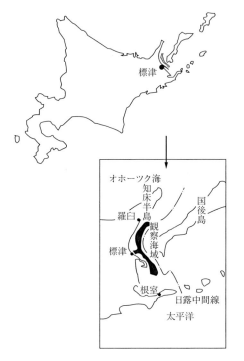

図2-54 北海道標津調査海域図

1996年のミンククジラの当該海域への遭遇率のピークは5月上旬に見られ，1997年では4月下旬の遭遇率が高くなっている．1997年の4月上旬の値がないので確証的ではないが，ミンククジラの根室海峡での来遊のピークは春（4～5月）と考えるのが妥当であろう．当該海域の密度の推移から，当該水域へ留まる個体はあるものの，かなりの数がオホーツク海に入る可能性がある．オホーツク海は夏季ミンククジラの主要な生活領域であり，生息密度も高いことが知られている（Kasamatsu and Hata, 1984）．また，1997年の8月下旬から9月にかけて遭遇率の上昇が見られているが，これがオホーツク海から太平洋側への移動を示すかどうかは明らかではない．ただし，8月末から釧路沖とその南東海域にかけてサンマの漁場が形成され，ミンククジラがサンマの密度の高い海域へ出現する可能性は否定できない．1990年代以降オホーツク海でのマイワシ資源量の低水準と釧路南方海域で捕獲されたミンククジラの胃内にサンマが多数見出されることから，夏季オホーツク海南部を生活領域とするミンククジラが太平洋側に出てくる可能性もある．ただし，オホーツク海におけるミンククジラ漁場（小型捕鯨船の操業）の季節的な推移からすると，本種の主群は秋にはまだオホーツク海北部水域で摂食回遊している．そのため，太平洋側へ出るのはかなり遅い時期である可能性がある．また，摂食域から遠い一番南の根室海峡までわざわざ南下してから太平洋側へ出るというよりは，最後の摂食域から近い海峡を通過した方がエネルギー収支からいって合理的であろう．

イシイルカにおいても比較的明瞭な密度の季節的変化が見られる．当該海域

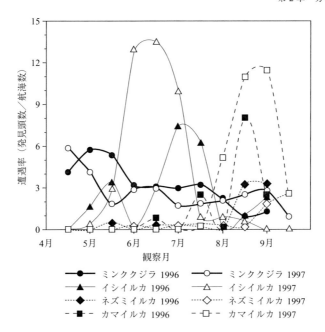

図 2-55　根室海峡における 4 種の月別密度変化（佐藤，1998b より作図）

でのイシイルカの遭遇率は 5 月に入り増加し，7 月に入り減少している．この変動も，本種が太平洋側から本種の夏場の主な生活領域であるオホーツク海に入るタイミングを示すものと考えられ，冬場の生息域と夏場の生息域を結ぶ貴重な情報である．ネズミイルカとカマイルカの根室海峡における季節的な出現はあまり明瞭ではないが，両種とも夏から秋にかけて当該水域を利用（移動あるいは摂食）する傾向がある．

　佐藤の観察は根室海峡に限られているが，笠原（1950）は 1910 年から 1948 年までの根室海峡以北の千島列島を含む各地の捕鯨の概要を報告している．笠原がまとめた千島列島北部パラムシル島，中部のシムシル島，南部の択捉島と色丹島付近の基地でのマッコウクジラ，ナガスクジラ，イワシクジラそしてザトウクジラの捕獲を見ると，マッコウクジラは択捉海峡以北シムシル島周辺までの水域が主な漁場（5 〜 9 月）となっており，ナガスクジラでは千島列島の南部（択捉島周辺から根室南部にかけて 7 〜 10 月）と北部（カムチャッカ半島南方水域 6 〜 8 月）に分かれた漁場となっている．なお，笠原はナガスクジラが北

西太平洋からオホーツク海に入る経路は主に根室海峡ではなく国後海峡であることを示唆している．イワシクジラは千島列島南部の択捉島と色丹島周辺が中心漁場（7～10月）で，オホーツク海への出入りは主にナガスクジラと同じ国後海峡であることが示唆されている．これらの報告を重ねると，大型クジラ類は主に根室海峡以北の比較的水深の深い海峡を通過しオホーツク海へ入るが，ミンククジラは根室海峡を含めた水域を摂食や移動に利用している可能性がある．

2・3・4　日本沿岸のストランディング記録

石川（1994，1999）は，日本鯨類研究所に寄せられたストランディングレコードを包括的に取りまとめて，日本沿岸におけるストランディングの特徴を記述している．海産哺乳類が生きたまま座礁したり，死体が漂着したり，あるいは湾や入り江に迷入したりする現象を総称してストランディング（stranding）と呼んでいる．ストランディングの原因は，地磁気説，地形説，寄生虫説や有害化学物質による健康被害説などさまざまな説があるが，未だ確証的な説明はなされていない．

ストランディングレコードによるクジラ類の出現や分布解析に関してはいくつかの問題が存在する．その代表的な問題は，座礁あるいは迷入した個体が，通常の生活領域内で生活していてたまたま座礁・迷入したのか，あるいは健康被害などで通常の生活領域を離れて座礁あるいは迷入したのかを判断できないケースが多いことである．このような問題はあるが，ストランディングレコードは，注意深い解析を行えば，広域的なクジラ類の出現や分布に関する情報を提供している．

表2-3に石川（1999）がまとめた，日本海側で記録されたクジラ類の種類を示した．

表2-4に見られるように太平洋側ではスナメリの記録がかなり多く，一方，日本海側ではカマイルカが多い．この違いはまさに両種の分布を反映している．すなわち，日本海側におけるスナメリの出現は，ほぼ山口県までに限られ，それ以北の報告はほとんど見られない（Shirakihara et al., 1992）．目視調査でも日本海におけるスナメリの発見は，太平洋側に比べて極めて少ない．また，日本海側におけるオオギハクジラ属の漂着は太平洋側に比べて極めて高く，特に冬場に集中している．漂着の中には出産後間もない個体も含まれていることから，日本海の富山湾など比較的深い深度が沿岸近くまで接近している湾部が冬場の

表2-3　1901〜1998年に日本海側において漂着，漂流，迷入および混獲したクジラ類（精度判定が悪いものは除かれてある，石川，1999）

ヒゲクジラ（6種82件）	ハクジラ類（20種450件）
セミクジラ	マッコウクジラ
ナガスクジラ	コマッコウ
ニタリクジラ	オガワコマッコウ
ミンククジラ	シロイルカ
ザトウクジラ	ツチクジラ
コククジラ	アカボウクジラ
	オオギハクジラ
	ハッブスオオギハクジラ
	オキゴンドウ
	シャチ
	コビレゴンドウ
	シワハイルカ
	カマイルカ
	マイルカ
	ハナゴンドウ
	バンドウイルカ
	スジイルカ
	イシイルカ
	ネズミイルカ
	スナメリ

表2-4　日本海側および太平洋側における，漂着，混獲記録が多い上位5種，合計は全種の合計（石川，1999）

	日本海側	太平洋側
1	カマイルカ（73/72）	スナメリ（37/55）
2	オオギハクジラ属（5/103）	ミンククジラ（48/24）
3	ミンククジラ（50/17）	アカボウクジラ（3/47）
4	イシイルカ（6/40）	カマイルカ（16/33）
5	スナメリ（10/19）	ハナゴンドウ（23/27）
合計	532（混獲178/漂着340）	659（混獲201/漂着443）

オオギハクジラ属の越冬（繁殖）場となっている可能性がある．
　図2-56は，主要5種（一部属）の月別の漂着記録数の変動を示したものである．石川（1999）は，混獲と漂着は，日本海側では冬から春にかけて多く，一方，太平洋側では混獲においては同じ傾向であるが，漂着では季節的な変化は見ら

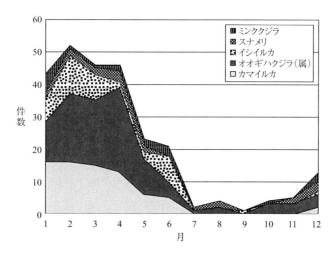

図2-56 日本海側の主要漂着5種(カマイルカ,オオギハクジラ属,イシイルカ,スナメリ,およびミンククジラ)の月別件数,迷入および漂着形態不明の記録は漂着として計数した(石川,1999).

れないと報告している.図2-57に日本海側のほぼ中央に位置する京都府舞鶴の月別平均風速を示した.これを図2-56と重ね合わせると,明らかによい相関が現れる.日本海では冬場の北西の強い季節風が卓越し,この強い季節風(時化)は体力の弱い個体への打撃になるとともに,沖合から日本海沿岸へ物を運ぶ働きをすると考えられる.そのために,日本海側では冬場から春先にかけて漂着が多く,一方,太平洋側では(逆に陸から沖へ流される風となる)漂着が少ない結果を生んでいると思われる.

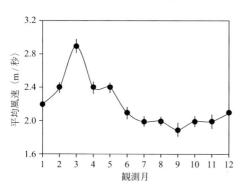

図2-57 京都府舞鶴における月別平均風速(1997年の舞鶴海洋気象台の観測値に基づく)

第 3 章　摂食生態

　食べるということは，生きるということにほかならない．摂食の特性，すなわち何を食べるか，どのように食べるかは，種に固有な特性である．クジラ類はその卓越した感覚・行動能力・体格により海洋生物群集の中で特定の餌生物との結合が比較的安定し，高い食地位を維持している．海洋の動物群集中でクジラ類は，優先的に振る舞っているが，同じクジラ類の中での餌をめぐる種間競争はかなり厳しいものがある．この種間競争は，長い進化の過程で餌の種類や餌場を規定している．

3・1　クジラの摂食種と摂食方法

3・1・1　摂食種

　クジラのそれぞれの種には特有な摂食生態が成り立っている．ハクジラ類は，高度な運動能力の獲得とともに，音波を使ったエコーロケーションなどの機能を発達させることによって，それまで利用できなかった魚類や中深層のイカ類といった餌資源を安定的に利用できるように進化し発展してきた．一方，ニタリクジラを除くヒゲクジラは，寒冷水域等で多量に発生する小型で群集性の動物プランクトンなどを利用できるように進化し，現在の繁栄を獲得した．動物は他の生物を犠牲とし，自らも時として別の生物の犠牲となる．動物群集においては，この食べ・食べられるという構造（食物網あるいは食物連鎖）がその生物を規制している要因でもある．しかし大型クジラは，同じクジラ類のシャチによってまれに捕食されることがあるが，他の動物の餌になることはほとんどない．

　それでは，クジラ類は，どのような餌と関係をもっているのか．表 3-1 に，北半球と南大洋におけるクジラ類の主要な餌のグループを示した．南半球の主要な摂食域である南大洋は，北半球に比べるとナンキョクオキアミを鍵種とした

表3-1 クジラ類の主要な餌

クジラ種	北半球餌生物	南大洋餌生物	体長(m)	体重(t)
ヒゲクジラ				
シロナガスクジラ	オキアミ目	オキアミ目	25	80
ナガスクジラ	オキアミ目・コペポーダ・魚類	オキアミ目・コペポーダ	21	46
ザトウクジラ	オキアミ目・魚類・アミ目	オキアミ目	14	27
イワシクジラ	コペポーダ・端脚目・オキアミ目・魚類・イカ類	コペポーダ・端脚目・オキアミ目・魚類・イカ類	13	18
セミクジラ	コペポーダ・オキアミ目	コペポーダ・オキアミ目	14	35
ミンククジラ・クロミンククジラ	オキアミ目・魚類・コペポーダ・イカ類・端脚目	オキアミ目	8	6
ハクジラ類				
マッコウクジラ	イカ類・魚類	イカ類	15	27
トックリクジラ	イカ類・魚類	イカ類・魚類	8	4
シャチ	魚類・鰭脚類・鯨類・イカ類	魚類・鰭脚類・鯨類・イカ類	6	4
ゴンドウクジラ	イカ類・魚類・十脚目	イカ類・魚類	5	1

図3-1　ヒゲクジラの主要な餌であるナンキョクオキアミ（左，一井太郎博士より）とマッコウクジラの胃内から出てきたダイオウイカ（右，写真の上部に人の足が見える）

比較的単純な生物群集の構造となっているために，クジラ類の餌種の数は，北半球の複雑な群集構造をもった海域に比べて少ないことが特徴となっている．

クジラ類がどのような餌との関係をもっているのかを，体長と餌種の数との関係で見てみる（図3-2）．この図から，高緯度の冷水域では体長・体重がより大きく生体量も大きい優占種（所属している同じ栄養集団の中で最大の生産力

をもつ．一般に大型の生物では生体量が優占度の指標と考えられる．Odum, 1971）と考えられるシロナガスクジラは，膨大な生産量があるオキアミ類という1つの餌との関係で成り立っており，その次のナガスクジラ（南極海以北の南大洋では本種が優占種）も生産量の多い1〜2種の餌との関係で成り立っている．これら優占種とは違い，個体

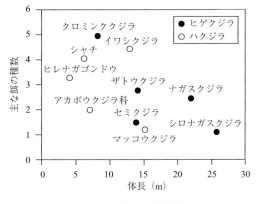

図3-2　体長と主要餌種数

数も少なく体長も小さいイワシクジラやクロミンククジラは雑食性を強め，より多くの餌種との関係の上に成り立っている．クジラ類の中では，一般により大型で優占種ほど，1種類や2種類の餌との安定的関係で成り立っていけるものの，従属種では多様な餌種との関係を維持せざるをえないと考えられる．

3・1・2　摂食方法
（1）ヒゲクジラの基本的な摂食型

餌資源との安定した関係を築くためには，その餌資源の分布領域とクジラ類の分布領域の重なりとともに，その餌資源を効率的に摂食する生態的な適応が必要となる．ヒゲクジラ類の摂食の仕方は，餌のとり方から3つの型に分けられている（Nemoto, 1970；Kawamura, 1980）．シロナガスクジラ・ナガスクジラ・クロミンククジラやザトウクジラのような浮遊性・群集性で比較的大型の動物プランクトン（オキアミ類等）や魚類を摂食するグループは，餌のパッチを一気に飲み込み，舌を使って海水だけをヒゲ板の間から出し，口の中に残った餌を食べる（飲み込み型 swallowing）．したがって，多量の海水が飲み込めるようにアコーディオンのような役割をするうね（畝）を下あごに発達させるとともに，ヒゲ板の毛の部分があまりに細いと海水を出すときに不便なので，ヒゲ板の毛の部分が比較的太くなるという適応を遂げている（図3-3）．

一方，コペポーダ等の小さい動物プランクトンを主食とするセミクジラやホッキョククジラは，浮遊しているこれら小型のプランクトンを海水とともに口の

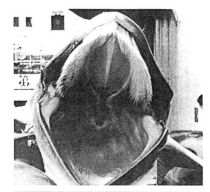

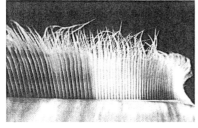

図3-3 ヒゲ板(ミンククジラ)

中にいれ,海水をヒゲ板で絶えずろ過しながら餌をこし取る(こし取り型 skimming)型の摂食を行う(図3-4).したがって,本種では大量の海水を一度に口の中に飲み込む必要がなく,そのためうねは必要ない.その代わり大量の海水を口の中を通過させるために,他の種に比べて口が極めて大きく発達しており,さらに小型のプランクトンがヒゲ板から抜けていかないように,ヒゲ板の毛の部分が細くなっている.第3は,飲み込み型とこし取り型の両方を使うグループである.イワシクジラはすでに述べたように,大型動物プランクトンのオキアミ類から小型のコペポーダ,そして魚類までといったように比較的多くの餌種との関係をもつこ

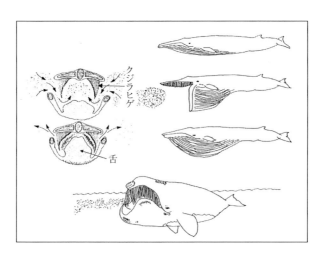

図3-4 ナガスクジラ類の摂食方法(上,飲み込み型).口を大きく開けて餌のパッチと海水とを飲み込み,口を閉じて舌で海水をクジラヒゲの間から出す.セミクジラの摂食方法(下,こし取り型)

とによって生き延びている．このため，本種の餌のとり方は，この第3のグループの代表で，飲み込み型とこし取り型の両方を身につけている．

(2) その他の摂食方法

著者は，南極海と北大西洋で何度かザトウクジラの摂食の様子を観察することがあった．他のシロナガスクジラやナガスクジラが人間の目でも視認できるほど密集したオキアミ類のパッチめがけて突進し，体を横にして大きな口でパッチを飲み込む行動をとるのに対して，北大西洋で何度か目にしたザトウクジラの餌のとり方は，あまり密集していないオキアミ類の群集を有名なバブルネット法（図3-5）で摂食している光景だった．ザトウクジラがバブルの中から大きな口を開けて飛び出してきた時，驚いたことに海面が赤くなるほどオキアミ類が密集していた．ザトウクジラはシロナガスクジラやナガスクジラが利用しない，あるいは利用できないあまり密集していないオキアミ類などを，このバブルネット摂食法で効率的に利用できるように適応し，摂食域で特別な地位を獲得しているのかもしれない．

また，最近ザトウクジラでは，コククジラと似た底性での摂食が報告されている．図3-6は，北米マサチューセッツ湾で観察されたザトウクジラの底性での摂食の模様を示したものである（Hain *et al.*, 1995）．報告した研究者らは，このザトウクジラは夏季に仮眠するイカナゴを食べていると報告している．沿岸域での観察の増加により，クジラ類は従来考えられていた摂食型のみならず，より多様な摂食法を身につけ沿岸生物群集との結びつきを強めていることが明らかとなってきている．

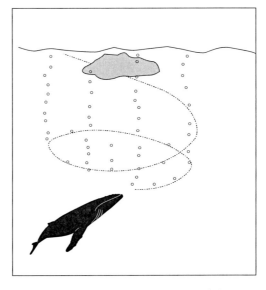

図3-5　ザトウクジラのバブルネット摂食法

図3-6 ザトウクジラの底性での摂食の様子（Hain et al., 1995）

3・1・3 クジラの胃

口の中に取り入れた餌は，食道を通り胃へ運ばれる．アザラシやイルカをそのまま飲み込むシャチの場合では，咽頭や食道は広いものの，最も大型のシロナガスクジラでも食道の直径はせいぜい25 cmと言われている．陸上のイヌやブタなどでは，食道の先にある胃は単一の袋であるが，クジラ類の胃は，かなり複雑な形態をしている（図3-7）．クジラ類の胃は，アカボウクジラ科のクジラを除いてすべて胃が3つの部屋に分かれている．各部屋をつなぐ通路はハクジラではやや狭く，ヒゲクジラでは広い．餌は，まず第1室（前

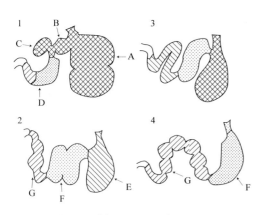

図3-7 陸生のウシ（1）とクジラ類（2：ナガスクジラ，3：バンドウイルカ，4：アカボウクジラ）の胃の区分
ウシ（A：瘤胃，B：蜂胃，C：重弁胃，D：腺胃），クジラ類（E：第1室，F：第2室，G：第3室）
（Slijper, 1958を改編）

胃，ここでは消化液を分泌しないが，袋の厚さは厚くナガスクジラの場合では7 cm 以上になる）に入り，続いて主胃の第2室に入る．この第2室はかなり広い部屋（袋状，ひだが複雑に走り柔軟な伸張を保証している）で，シロナガスクジラの場合では1トン以上の餌が入る．第3室は，一般に湾曲した管形をなし，壁に刻みこみがあって2〜4個の小さい部屋に分かれている．そしてこの第3室は，十二指腸につながる．この形態は，よく知られているように陸生の反芻動物（ラクダ，ウシ，シカ，ヒツジ）と類似している．一般に，ハクジラの場合は第1室が大きくここでほぼ丸のまま飲み込んだ比較的大きな餌（イカ類など）を小さく砕き，第2室へ送り出す．その際にこの第1室（前胃）に小石を取り込んで利用しているとの説もある．一方，小さい動物プランクトンを大量に摂食しなければならないヒゲクジラの場合は第2室の方を極めて大きくする適応を遂げている（Slijper, 1958）．

3・1・4　カリフォルニア・シロナガスクジラの摂食生態

1998年に米国 NOAA（海洋大気局）南西漁業科学センター（Southwest Fisheries Science Center）の友人から興味深い報文の別刷りが送られてきた．

この研究所の調査船（Ballena 号）は，1995年と1996年にカリフォルニア沖でシロナガスクジラの生活領域とその水域の海洋生物群集との関係を調べていた．この調査で，カリフォルニア沖の湧昇域の生産力が高い海域においてシロナガスクジラに無線標識を付けて追跡した時に，同時に魚探を使ってそのシロナガスクジラが行動している水域の様子を調べた（Fiedler *et al.*, 1998）．その結果の一部を図3-8に示した．この図の上は，シロナガスクジラが遊泳した後に魚探に映し出されたオキアミ類の海中での分布の様子である．そして，その下の図がシロナガスクジラに装着した時間・深度計（time-depth recorder）と電波発信機からの位置情報に基づくシロナガスクジラの潜水深度の記録である．2つの図を見れば一目瞭然のように，シロナガスクジラの潜水したその深度にはオキアミ類のパッチが存在していたことが示されている．このことは，シロナガスクジラの摂食生態を示す大変よい例である．また，深度100 m を超えた暗黒の深海でもシロナガスクジラがオキアミ類の深度を知り，ほぼ一直線に潜水していることは，本種も音波を使って多少音響定位を行っている可能性を示していると考えられる．

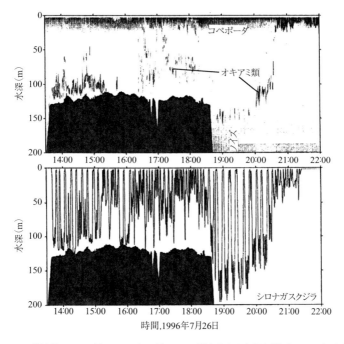

図3-8 NOAA 調査船 Ballena 号で 1996 年 7 月 26 日に観察された魚探記録（200 kHz）と無線標識されたシロナガスクジラの潜水記録（Fiedler et al., 1998）

3·1·5 南極海クロミンククジラの摂食生態

クロミンククジラは，最も雑食性の強いクジラ種と考えられている．北半球では，本種は外洋域から内湾域まで幅広く分布し，そこで最も豊富な群集性の魚や動物プランクトン・エビ類やイカ類等を摂食する．ところが，南極海では現在，本種の餌はほとんどオキアミ類である．南極海のロス海南西部では，魚類が胃内に見られるが（Kasamatsu et al., 1993），極めてまれである．先に述べたように，一般的に小型な種は，大型種に比べてより多くの餌種と多様な関係で成り立っているはずであるが，現在のクロミンククジラにこの説はあてはまらない．

すでによく知られているように，開発以前あるいは開発初期の優占種であった大型のヒゲクジラ（シロナガスクジラやナガスクジラ）は今世紀初めから南極海で捕獲が開始され，約 20 ～ 30 年の間に資源は急減した．この急激な大型

ヒゲクジラの減少は，ナンキョクオキアミへの摂食圧力を減少させ，見かけ上餌資源の余剰が生じたと考えられている（Laws, 1977；Beddington and May, 1982）．ナンキョクオキアミを中心とした動物プランクトン資源と空いた摂食域の隙間に，それまで従属種として大型ヒゲクジラが利用していなかった餌や空間をほそぼそと利用していたクロミンククジラが，これらの食地位や空間を次第に占拠して，その強い再生産率（クロミンククジラはほぼ年に1回出産するが，シロナガスクジラやナガスクジラでは2～3年に1回の出産）とも相まって，1930～40年代より増加をはじめ（Sakuramoto and Tanaka, 1985；Laws, 1985），その結果，現在の特異な食地位を獲得したと考えられる．

---- Note ----
　一般的に環境の変化，あるいは漁獲により動物群集の構造が変化している時や，陸上の植物界で見られる遷移の初期には，生理的・生態的適応範囲の広く強い種（一般には generalist なんでも屋）が優占する傾向がある．遷移あるいは変化が進むにしたがって，次第に特殊化した種（specialist 専門家）へと置き換わっていく．また，初期には，無機的な環境により個体群の動態が強く影響されるが，時間が進むにしたがって生物的な制御メカニズムへと変化する．それにしたがって，多様性も上昇すると考えられている．南大洋でシロナガスクジラやザトウクジラに代わって，なぜクロミンククジラが優占種となったのか，なぜ他の種ではなかったのか，に関しては何らの仮説も見出せていない．餌資源への摂食圧や生息領域の空白が生じたときに，広く分布する種で，分散力が大きく，また繁殖力も強く成長が速い種が進出し，勢力を増大させることはよく知られている．クロミンククジラは，これらの要件をすべて満足している．ただし，クロミンククジラは小型であり，熱とエネルギー収支から言えば，南極海のような冷たい海域に長い間滞在することは合理的ではない．2・3・1 で詳述しているが，小さい種では体表面積の体容積に対する割合が小さく，寒冷域ではより大型の種よりも皮膚を通しての熱の消失と補給との間のエネルギー収支がよくない．減少しはじめた餌資源から多少のエネルギーを蓄えても，それを寒冷域での体温維持や餌探索のための運動エネルギー等のためにすぐ燃焼してしまう．エネルギー収支上各種個体群特有の摂食期の長さはその種の体長によって規制されることが示唆されている．滞在期間が長い種であるシロナガスクジラ，ザトウクジラやナ

> ガスクジラは，爆発的に発生する動物プランクトンを直接利用できる（すなわち，食物連鎖が短いこと）ことと，摂食域から離れて餌が極めて少なく絶食に近い状態が要求される繁殖域での生活に適応するために，体長を大きくし（体長が大きいことは脂皮の面積が大きくなる）脂肪をできるだけ多く脂皮に蓄えられるように適応進化した．滞在期間が短くならざるをえないという生理的弱点をもつクロミンククジラが，従来の優占種であったシロナガスクジラなどの資源が回復した後も南大洋で優占種として存在するかどうか，優占種の変化や種の多様度がどういう水準に向かって進むのか注目される．これらに対する科学的示唆は，日本が行っている JARPA 計画によってなされることが期待される．

3・1・6　餌をいつとるか—メキシコ湾のバンドウイルカと南極海クロミンククジラ

テキサス A & M 大学の S. Brager は 1991 年の 6 月から 11 月にかけて，メキシコ湾の Galveston 湾水系で当該水域を生活領域とするバンドウイルカの日間活動を写真による個体識別と目視により観察した．図3-9 は，それぞれ夏（6〜8月）と秋（9〜11月）におけるバンドウイルカの日間活動を示したものである．

夏場では，摂食行動は早朝に多く観察され，以後早朝から午後にかけてダラダラと行われている．その後，午後 3 時頃はほとんどのイルカは摂食行動はとらずに，移動あるいは社会行動をとっている．一方，秋の摂食行動に関しては早朝にやや多いが特定の傾向を見出せず，春に比べて昼間の多くの時間を摂食に回している．これは，秋から冬にかけて海水温度が下がることと秋から冬にかけて餌資源の減少に対する栄養蓄積（脂肪層への蓄え）への適応と Brager は考えている．

南極海のクロミンククジラに関しては，旧ソ連の Bushuev（1986）が 3,089 頭のクロミンククジラの胃内容物重量の時間的変化から図 3-10 のような摂食行動の日間変動を報告している．この図から，南極海のクロミンククジラ（操業が行われた水域，比較的海氷縁に近くクロミンククジラにとって好適な環境，すなわちよい餌場であることに注意）では，早朝から午前中に摂食が行われている様子が示されている．ただし，注意として述べたとおり，これらのクジラは比較的好適な環境下にいる個体が多いと考えられるので，それ以外の餌環境のよくない沖合のような環境下の場合は朝と晩あるいは 1 日中餌を食べている可能

第3章 摂食生態　115

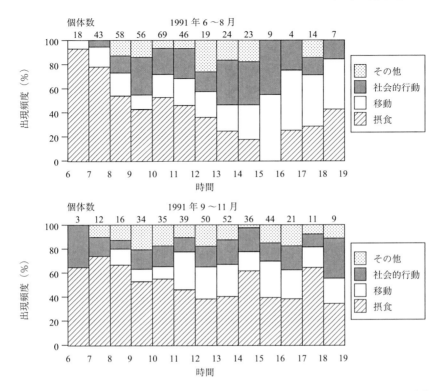

図3-9　メキシコ湾のGalveston湾水系で当該水域を生活領域とするバンドウイルカの日間活動（Brager, 1993を改編）

性がある．近い将来，南極海のクロミンククジラの摂食行動に関しては，日本の調査（JARPA）により包括的な記述が出されるであろう．

3・1・7　餌と棲み分け

海洋の動物群集中でも優勢な位置を確保しているクジラ類は，同類のシャチを除き捕食者は存在しない．したがって，摂食域での分布を支配する要因は，クジラ種同士の競争と環境要因が主と考えられる．種間の競争の強さはこれらの種の資源利用（特に餌資源）の重なりに比例し，それぞれの種が他の競争種と資源利用の重なりが小さくなる方向へと徐々にそれぞれの摂食領域を変化させる方向に進化してきたと考えられる．このような種間の競争と環境との間の相

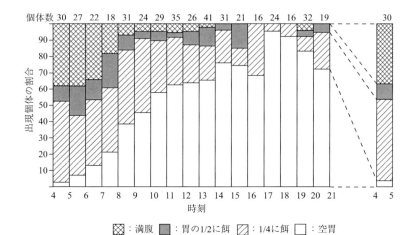

図3-10 南極海で捕獲されたクロミンククジラの胃内容充満度の日間変動（Bushuev, 1986を改編）
縦軸は出現個体の割合．横軸は時刻．

互作用として形成された摂食域での分布パターンには，(1) 水平的な分布の分離（あるいは棲み分け），(2) 鉛直的な分離，(3) 季節的な分離，そして (4) これらの総合的な相互作用の結果として餌資源の空間的時間的利用の分離がある（2·2·3 の Note も参照）．

　南大洋，特に南極海では，ナンキョクオキアミがクジラ・アザラシや海鳥等さまざまな動物種の餌として最も重要な役割をはたしており，南極海生態系の鍵種と考えられている（Mackintosh, 1970；Laws, 1985；Marr, 1962）．南極海の動物群集は，直接あるいは間接的にこのナンキョクオキアミに強く依存している．したがって，南極海での分布を支配する要因は，このナンキョクオキアミとどれだけ安定した関係を優先的に獲得しているかにかかわると考えられる．図3-11 は，摂食期盛期における主要なクジラの緯度毎の遭遇率を示したものである．この図では南極大陸に近い高緯度に，ナンキョクオキアミは多く分布している．この図からわかるようにシロナガスクジラとクロミンククジラが南極海の最も南の海域に多く分布し，その北側にザトウクジラ・ナガスクジラ，そして最も北側にイワシクジラが分布し，それぞれ少しずつ主分布域がずれている．これらの主分布域のずれは，ナンキョクオキアミや他の動物プランクトンを中心とした餌資源をめぐる種間競争と進化の過程での適応の結果として，摂

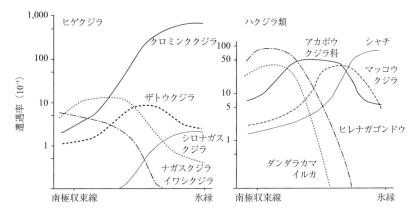

図 3-11 南大洋におけるクジラ類の緯度別出現（Kasamatsu *et al.*, 1996；Kasamatsu and Joyce, 1995 を改編）

食域での「水平的な分離あるいは棲み分け」がなされたと考えられる．しかしながら，ここでクロミンククジラとシロナガスクジラの分布がまったく重なっており，棲み分けが見られないことが注目される．前項で述べた通り，優占種であった大型ヒゲクジラの急激で短期間（クジラ類の 1 世代の半分の時間）での人為的な減少は，競争という種関係を越えて分布のパターンに影響を及ぼし，現在のような重なった分布になったと考えられる．

南極海に来遊するハクジラ類は，中層・深層のイカ類や表層の群集性魚類等の資源を利用し，ナンキョクオキアミを利用しているヒゲクジラと直接競合しない．そのため同じ空間を占拠していてもヒゲクジラとハクジラ類は共存が可能である（餌資源の分離）．しかし，同じハクジラ類でもその主要な餌が，中層・深層のイカ類が中心のマッコウクジラと前述したアカボウクジラ科のミナミトックリクジラは競合すると考えられる．この両種の分布を見てみると，やはり中心となる分布域がやはり少しずつずれていることがわかってきた（水平的な棲み分け）．さらにこの両種は，緯度方向のみならず経度方向でも分布にずれが見られている（図 3-12）．すなわち，マッコウクジラの密度が高いインド洋中部－東部では，アカボウクジラ科クジラ類の出現が少なく，マッコウクジラの出現が少ない南大西洋と南太平洋では，アカボウクジラ科クジラ類が多くなっている．この他，中層のイカ類や表層の群集性の魚類等を捕食するヒレナガゴンドウは，南極海の北部に分布し，その分布の中心は大型のハクジラ類のマッ

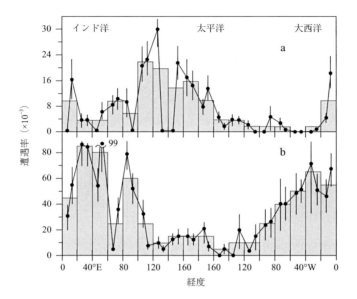

図 3-12　南極海におけるマッコウクジラ (a) とアカボウクジラ科クジラ (b) の経度別出現 (Kasamatsu and Joyce, 1995 を改編)

コウクジラやアカボウクジラ科クジラと重なっていない．このような水平的・鉛直的な棲み分けは，餌資源と空間領域を有効に利用するために人間を含めた他の動物（鳥や魚等）でも多く見られる．

3・1・8　クジラと沿岸生物群集

クジラ類と沿岸生物群集との関係で，最近興味深い報告がなされているので紹介する．米国アラスカ周辺で起こっているシャチ―ラッコ―ウニ―海藻における食物連鎖に関する報告である（図 3-13）．アラスカ周辺では，19 世紀すでにラッコ資源は壊滅状態に陥り，20 世紀初めには絶滅寸前にあった．ラッコ保護の結果，1970 年代には，その資源は環境容量いっぱい近くまで回復し，その生息域の拡大も見られた．1990 年代に入りラッコ資源は減少しはじめ，この減少は西アラスカ周辺全体で起こっていることが，米国魚類野生動物局の航空機調査で明らかとなった．

カリフォルニア大学の研究グループが調査した結果，この海域におけるシャチの出現頻度が多くなっていることが示唆された．このグループは，海洋環境

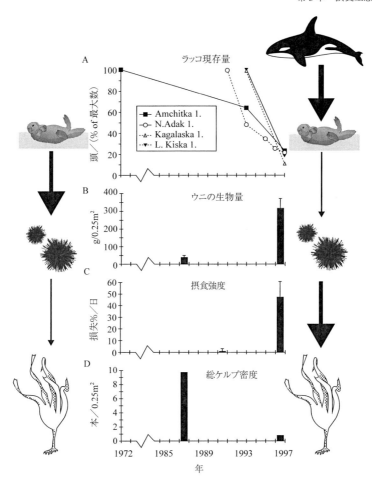

図3-13 西アラスカ・アリューシャン列島におけるラッコ・ウニ資源の経年変化（Estes *et al.*, 1998 を改編）

や海洋汚染物質の影響をも検討するとともに，他の海域における動物群集の変化とも比較検討した．その結果，当該海域におけるシャチによるラッコの捕食（ラッコ死亡率の増加）の増加を示唆した．研究者らは，当該海域におけるシャチの従来の餌資源（魚やアシカ）の減少により，餌生物をラッコへとシフトさせた可能性があると考えた．このラッコの減少は，ラッコの主要な餌資源であるウニ類を増加させ，ウニ類の増加がケルプ減少の要因と考えられた．

3・1・9　南極海のミナミトックリクジラの摂食圧と生態的位置

南極海におけるクジラ類の群集を代表するものとして，これまで知られていたのは，ヒゲクジラ類のシロナガスクジラ・ナガスクジラ・ザトウクジラ・イワシクジラとクロミンククジラ，そしてハクジラ類のマッコウクジラであった．ところが最近，今までほとんど知られていなかったアカボウクジラ科のクジラ，特にミナミトックリクジラが注目されはじめた．アカボウクジラ科は，ハクジラ類の中の一つの科（Family Ziphiidae）を占めるクジラで，その仲間は現在知られているだけで 18 種ある．この科の中にトックリクジラと名前がつけられた 2 つの種があり，その一つがミナミトックリクジラである．この他に，北大西洋にのみ生息するキタトックリクジラがいる．キタトックリクジラについては，ノルウェーがこの種を捕獲していたので，比較的知られているが（Benjaminsen and Christensen, 1979），ミナミトックリクジラに関しては，その生態と現状はほとんど知られていなかった．

1970 年代後半からはじまった南極海における日本や IWC の組織的な目視調査および 1987 年からはじまった日本の JARPA 調査は，大型クジラの現状に関する情報を提供したのみならず，今まで知られていなかったアカボウクジラ科のクジラ類に関しても数々の新しい情報を提供した（例えば，Kasamatsu *et al.*, 1988）．このアカボウクジラ科クジラの現状が報告される以前は，南極海生態系におけるクジラ類群集としては，先ほど挙げた大型クジラのみが考慮されていた．これを端的に示すのが，南極海の海産哺乳類群集の生物量とその摂食量を示した前英国南極調査局所長 Laws 博士の論文である（Laws, 1977）．

表 3-2 の Laws 博士の推定値からわかるように，南極海の生態系におけるクジラ類群集として，大型ヒゲクジラと並んでハクジラ類ではマッコウクジラのみが考慮されていた．1970 年代以前では，当時商業捕鯨の対象種に関心が集まり，対象種以外のクジラ類に関する情報が極めて限られていたことを考えるとやむをえない．これと比較して，最も新しい南極海クジラ群集の資源量・生物量の推定も同表に示した．対象海域や推定方法が多少異なることから厳密な比較は難しいものの，ヒゲクジラの中のクロミンククジラとハクジラ類のアカボウクジラ科クジラ（約 9 割以上がミナミトックリクジラ：Kasamatsu *et al.*, 1988）の現存量が，従来考えられていたよりはるかに多いことが明らかにされた．特にアカボウクジラ科クジラ（ミナミトックリクジラ）は従来まったく検討の対象とされていなかったので，ミナミトックリクジラが南極海の動物群集や生態

表3-2 南極海での過去と現在のクジラ類の資源量と生物量

クジラ種	Laws（1977）の値				最近の研究*	
	初期の資源量		現在の資源量		現在の資源量	
	資源量 (10^3 頭)	生物量 (10^3 t)	資源量 (10^3 頭)	生物量 (10^3 t)	資源量 (10^3 頭)	生物量 (10^3 t)
シロナガスクジラ	200	17,600	10	830	1.1	87.4
ナガスクジラ	400	20,000	84	4,032	21.4	973.7
ザトウクジラ	100	2,700	3	79	10.4	275.6
イワシクジラ	75	1,387	40.5	709	5.0	87.5
クロミンククジラ	200	1,400	200	1,400	741.1	4,446.6
ヒゲクジラ計	975	43,087	337.5	7,050	779.0	5,870.8
マッコウクジラ	85	2,550	43	1,161	28.1	769.9
アカボウクジラ科	−	−	−	−	599.3	2,696.9
シャチ	−	−	−	−	80.4	321.6
ヒレナガゴンドウ	−	−	−	−	200.0	160.0
ダンダラカマイルカ	−	−	−	−	144.3	14.4
ハクジラ計	85	2,550	43	1,161	1,052.1	3,962.8

*：Kasamatsu, 1993；Kasamatsu and Joyce, 1995 より引用.

系において重要な位置を占めていることを示している．

次に，これらクジラ類，特に今まで省みられなかったアカボウクジラ科クジラ（ミナミトックリクジラ）がどの程度摂食し，南極海生態系の鍵種と考えられているナンキョクアキアミに摂食圧をかけているかを考えてみる．前述したクジラ類の南極海滞在期間中におけるナンキョクオキアミとイカ類の総摂食量を表3-3に示した．なお，マッコウクジラやアカボウクジラ科クジラ（主にミナミトックリクジラ）の主な餌は，中深層のイカ類である．これらイカ類は，ナンキョクオキアミ等の動物プランクトンを餌としているので（Nemoto *et al.*, 1985），ハクジラ類も結局イカ類を通してナンキョクオキアミを利用している．英国南極研究所のEverson（1984）は，このイカ類資源とナンキョクオキアミ資源の転換効率（変換効率ともいう，ある生物の生体量がそれを捕食する生物の生体量の何%になるかを表す）を40%と推定しているので，この転換効率を使ってハクジラ類のナンキョクオキアミへの摂食量を推定した．

表3-3から見てわかるように，それまでよく知られておらず考慮されなかったアカボウクジラ科クジラ（特にミナミトックリクジラ）が，その摂食量からみても，実は南極海のクジラ類群集ひいては生態系の中で極めて大きな位置にあ

表3-3　現在の南極海におけるクジラ類の摂食量

クジラ種	Laws (1977) の値 (10^3 t)			最近の推定* (10^3 t)		
	ナンキョクオキアミ	イカ類	ナンキョクオキアミ換算	ナンキョクオキアミ	イカ類	ナンキョクオキアミ換算
シロナガスクジラ	3,881		3,881	440		440
ナガスクジラ	16,426		16,426	4,470		4,470
ザトウクジラ	322		322	1,270		1,270
イワシクジラ	2,888		2,888	260		260
クロミンククジラ	19,827		19,827	16,000		16,000
ヒゲクジラ計	42,844		42,844	22,440		22,440
マッコウクジラ		4,632	11,580		3,540	8,850
アカボウクジラ科					9,700	24,200
シャチ					770	1,930
ヒレナガゴンドウ					380	960
ダンダラカマイルカ					60	140
ハクジラ計		4,632	11,580		14,450	36,080
合　計			54,424			58,520

＊：笠松，1993；Kasamatsu and Joyce, 1995 より引用．

ることが明らかとなった．一般に食べられる側は捕食されることを折り込み済みで，その上に種や個体群の持続や発展のためにもっと多くの個体を再生産している．すなわち，このアカボウクジラ科クジラが摂食している量よりはるかに多い生物量が中深層に存在していることを意味している．さらに大型のアザラシやペンギンも中深層のイカを主とした生物を利用していることから，我々がほとんど知りえない暗黒の中深層に予想をはるかに超える生物エネルギーが存在していることを示している．ノルウェーの著名なクジラ学者のイワン・クリステンセン博士は，この新しい結果に関して，「今後南極海のみならず他の海洋における生態系の議論においても，ミナミトックリクジラのような中型のハクジラ類の生態とその重要性を考慮する必要がある」と述べている．

Note

エネルギーの転換効率（conversion efficiency，転送効率ともいう）とは，ある栄養段階から次の栄養段階へと転送されるエネルギー量を，その栄養段階が受け取ったエネルギー量で割った値として定義される．一般に，次の式で与えられる．

$$E_t = P_t / P_{t-1}$$

ここで P_t は特定の栄養段階 t の年間生産量（あるいは生物量），P_{t-1} はそれより下の栄養段階（$t-1$）での年間生産量である．生産には，エネルギー（カロリー，ジュール）や生物量（炭素量などでも）のどちらを用いてもよい．一般に海洋生態系における転換効率は，一次生産（植物）から，植食動物（二次生産）への間では約 20%，高次栄養段階の間では 15〜10% と概算されている．これは，動物の呼吸によるエネルギー損失が約 8〜9 割にもなることを示している．

3・1・10　北太平洋ミンククジラの摂食生態

北半球のミンククジラは，すでに述べたように最も雑食性が強く，多様な餌生物との多様な関係の上に種の生存が成り立っている．日本沿岸では古くから沿岸に来遊するミンククジラを捕獲していた．その主要な漁場は，常磐三陸沖と北海道南東部である（図 3-14）．Kasamatsu and Tanaka（1992）は，これらのミンククジラ捕鯨で捕鯨者が記録した胃内容物を解析した．

図 3-15 は，1970 年代後半の北海道道東海域で捕獲されたミンククジラの餌種の胃内出現率の年変動を示している．明らかに 1970 年代後半からそれまで主要な餌であったサバが，次第にマイワシに変わっていく様子が見られる．これは，本種の摂食習性が特定の餌を選り好むのではなく，回遊先で最も豊富な餌（群集性で表層性の生物，動物プランクトンや魚類）を日和見的に摂食することを示すものである．

ミンククジラが何を食うかということには，人間はまったく関与できない．したがって，ミンククジラの胃内容種の変動は，当該海域での表層性群集性生物群集に関しての情報を提供するものと考えられる．すなわち，毎年同じ時期に同じ海域に来遊するミンククジラの胃内容種の出現を経年的に見ることによって，実はその海域での生物群集における優占種の変動を，人間の活動とは独立して見ることができる．ここで，ミンククジラの胃内容種の経年変動とこの海域で最も大規模に操業がなされているマイワシのまき網漁業からの情報と比べてみよう．図 3-16 に北海道道東漁場でのマイワシの総来遊資源量指数とミンククジラの胃内でのマイワシの出現率を示した．

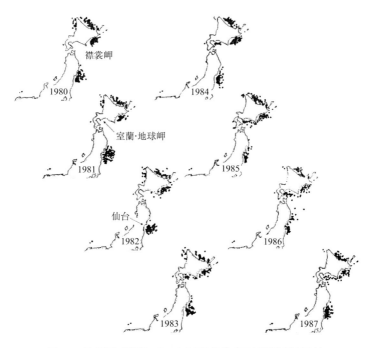

図3-14 日本東北部沿岸のミンククジラ漁場（●は捕獲位置を示す）

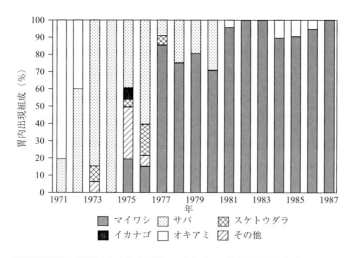

図3-15 北海道道東海域で捕獲された北太平洋ミンククジラの胃内出現種組成（Kasamatsu and Tanaka, 1992を改編）

図 3-16 に見られるように，ミンククジラの胃内におけるマイワシの出現傾向と当該水域におけるマイワシの来遊資源量との間に非常によい相関が見られる．このことは，ミンククジラがその餌をマイワシの増加に合わせて餌を徐々にマサバからマイワシへと切り替えたことを示している．

また，捕獲状況を詳しく見ると，道東海域では 1983 年以降ミンククジラの捕獲の一部が，襟裳岬を越えて室蘭沖にまで広がりはじめた．まき網漁業は，襟裳岬から西側では操業は禁止されていたので，漁業からの情報は断片的であるが，ミンククジラの捕獲分布の推移と胃内容種（ほとんどマイワシ）からみて，マイワシ資源の増大に伴ってマイワシはその分布域を襟裳岬以西に広げ，それを追ってミンククジラも室蘭沖に出現しはじめたと考えられる．この現象を裏付けるように当時，室蘭の地球岬沖合でミンククジラの出現が増加したとの報告が，地元から寄せられるようになった．そしてマイワシ資源が減少した 1990 年代には，ミンククジラの発見が減少した．

このようなマイワシ資源の増加に伴うミンククジラの胃内容種の経年変化は，道東沖だけではなく，東北の仙台湾・常磐北部周辺でも見られる．仙台湾と常磐北部では，毎年 3 〜 6 月にツノナシオキアミ（地元ではイサダと呼ばれる）とイカナゴ（地元ではコウナゴ・メロードとも呼ばれる）が大量に出現する．回遊してきたミンククジラはこのツノナシオキアミとイカナゴを狙う．1975 年以前は，ミンククジラの胃内出現種は，この 2 種がほとんどを占めていたが，1975

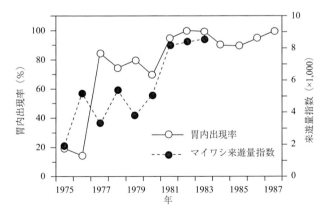

図3-16 北海道道東海域におけるマイワシの来遊資源量（和田, 1988）とミンククジラ胃内におけるマイワシの出現率

年以降ミンククジラ胃内におけるマイワシの出現が北海道道東海域と同様に徐々に増えてきた（図3-17）．このマイワシの当該海域への来遊資源量指数と胃内出現率を図3-18に示した．前述の北海道同様によく一致している．

　なぜ，ミンククジラの胃内出現率とマイワシの来遊資源量指数がこれほどよく一致するのか．ミンククジラの餌となる生物は，群集性の種類が中心である．この群集性の生物（例えば，マイワシ・イカナゴやツノナシオキアミ）は，パッチと呼ばれる密集した塊を形成する．資源量が増加すると，一般にこのパッチの数とその大きさが増加する．したがって，マイワシが増加し，ツノナシオキアミはそれほど増加していない場合，この海域ではマイワシのパッチの数とその面積がツノナシオキアミのそれらを上回る．その結果，ミンククジラとその餌である生物のパッチとの遭遇確率が，明らかにマイワシのパッチの方が，ツノナシオキアミより多くなる．ミンククジラは雑食性で日和見的な食性をもっており，通常最初に遭遇した餌を摂食すると考えられるので，密度が高い種類ほど，ミンククジラの胃内に出現する確率が高くなる．同じように，マイワシ資源の増加に伴うパッチの大きさとその数の増加は，まき網漁船の魚探でキャッ

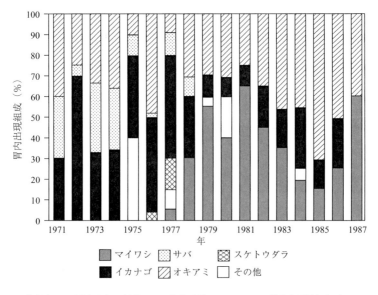

図3-17　仙台湾および常磐北部で捕獲された北太平洋ミンククジラの胃内出現種組成（Kasamatsu and Tanaka, 1992を改編）

チされ，より多く漁獲される確率が高くなる．

3・1・11　南極海でのシャチの捕食行動

南極大陸に近いパックアイス近くに出現するアザラシ類・ペンギン類やクロミンククジラ等を捕食するシャチは，これらの餌が主に分布する最も南に偏っている．南極海で捕獲された28頭のシャチの胃内容種のうち46％がクロミンククジラのみ，36％がクロミンククジラとアザラシ，そして残り8％がアザラシ類のみであったという報告から（Mikhalev et al., 1981），シャチは南極海では中層のイカ類や表層の群集性の魚等も捕食するのみならず，アザラシ・ペンギンやクロミンククジラを捕食している．本種は，餌資源であるアザラシやペンギン等が周年南極周辺に存在することから，南極海と中緯度や赤道海域間の回遊を行わない（行う必要がない）と考えられていたが，本種の南極海での出現は，明らかな季節的変動を示し，その来遊様式は，主要な餌資源であるクロミンククジラの来遊様式とよく一致している（図2-36 参照）．おそらく，シャチという個体群の中には周年中緯度の同じ水域の中に生活領域を設定している群れもあるものの，南極海の海産哺乳類やペンギン類という餌資源との比較的安定した関係を築いたものもおり，そのために南極海と低緯度の間を回遊する群れもある可能性がある．

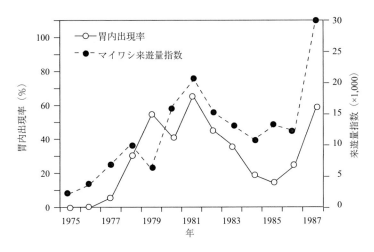

図3-18　仙台湾および常磐北部におけるマイワシの来遊資源量（平本，1991）とミンククジラ胃内におけるマイワシの出現率

それでは，シャチはどのように大型のクジラ類やアザラシ類を襲うのだろうか．14年に及ぶ南極海での観察でもたった4件しかシャチが海産哺乳類を襲う場面に遭遇していないが，このうち2件は，シャチがクロミンククジラを襲う場面で，残り2件は，カニクイアザラシを襲うところであった．最初の場面では，約50頭くらいのシャチの群れ（大型の雄が7〜8頭と残りは雌および仔が混じった混合群）の中に1頭のクロミンククジラが遊泳しているのを確認した（これを調査員の間では，シャチの弁当持ちと呼んでいる Killers with lunch）．この群れは，次第に遊泳速度を増し，若干走りはじめてから，突然ほとんどの個体がほぼ同時に潜水していた．すると，突然海面に油が浮いてきた．油が浮いた所には，その後血らしいものも見られた．調査員は海面近くでシャチがクロミンククジラを襲う貴重な場面が観察できると思っていたが，襲撃は海の中で行われ，おそらく海中深く引きずり込んで襲ったのであろう．数分後，シャチの群れは何も無かったかのように再び南へ泳ぎはじめた．シャチは大型のクジラを襲う場合，その一部（特に舌や胸ビレや脂皮）を食いちぎることはあっても，体全体を食べることは少ないと考えられている．この場合も体の一部を食いちぎって去ったのかもしれない．

2回目の場面は，5頭の雌を中心とした群れによる，小型のクロミンククジラの追尾であった．最初シャチが飛んでいる（ジャンプしている）所を発見し，急速で接近していったが，どうやら何かを追っている気配が見られ，シャチが泳いでいる方向を見たところ，はたして，小型のクロミンククジラが必死で泳いでいるのが観察された．著者らは，このシャチの追尾場面を観察するべく，シャチの後をフルスピードで追いかけた．シャチは，このとき時速約30 km で海面を飛ぶように追尾していた．私たちの船は，約1時間ほど観察を続けたが，残りの調査日程もあり，途中で観察を中止せざるをえなかった．最初観察した時のシャチとクロミンククジラの距離は約1.2 km くらいであった．最後の時の距離は約350 m くらいであった．1時間くらい後には，クロミンククジラは5頭のシャチの胃袋の中だったのかもしれない．

アザラシを襲う時は，これも興味深いものであった．アザラシは摂食以外の時は普通パックアイスと呼ばれる氷の上で寝ている．図3-19は，シャチがパックアイスの上のアザラシを確認し，氷の周りを回っているところである．2頭のシャチのうちの1頭は，時々垂直に立ち泳ぎ，海面上に頭部のみを出して，あたかも肉眼で，氷の上のアザラシを視認する行動をとっていた．通常アザラシは

図3-19　パックアイス上のカニクイアザラシを狙う雄のシャチ

氷の中央に位置しており，シャチはこの氷上のアザラシを直接襲うことはできない．それで，シャチはどうするかというと，氷の端に乗り上がり，氷を傾けて，氷からアザラシを落として，海の中でゆっくりと襲うのである．残念ながらこのときは，1頭の大きい方の雄のシャチが2度氷に乗り上がったが，アザラシは落ちずに，結局2時間ほどでシャチはこのアザラシをあきらめ，泳ぎ去った．次に目撃した場面は，シャチによって最初の襲撃を受けたアザラシとその周りを回っている3頭の雌のシャチであった．調査中にシャチを視認し，接近したところ，1頭のカニクイアザラシが海面に顔を出していた．よく見るとそのアザラシの頭の後ろが，あたかもザクロのように内部の肉がむき出しで，血が流れていた．私たちが接近したので襲撃を途中で中止したのかどうかわからないが，3頭のシャチは，傷ついたこのアザラシを直ちに襲うことなく，その周りをゆっくりと回っていた．シャチの胃袋からはよく，丸のままのアザラシがでてくることが知られているので，おそらく，このシャチはアザラシを一気に襲い暴れるものを無理に飲み込むのではなく，動かなくなるまで待ってからゆっくり飲み込むのかもしれないと考えられた．

3・1・12　餌を食う優先度

マッコウクジラでは，繁殖に参加しない若い雄は成長すると，雌や繁殖雄を中心とした群れが摂食する領域から追い出されることが知られている．これは，

成長期で餌の消費量が多いこれら若い雄の集団が，特に妊娠雌や仔育て中の雌を中心とした繁殖集団の餌資源を阻害させないためと考えられている（Best, 1979）．

　南半球のクロミンククジラでも，餌であるナンキョクオキアミの密度が高く環境も安定している南極大陸のパックアイス近くの水域や大きな湾等では，摂食期初期は，未成熟の個体あるいは雄が占めているが，摂食期盛期になるとこの良好な餌場は，妊娠した雌や成熟した雄と雌で占められる．そして，その外側には，未成熟の雌や若い雄が分布するという型が知られてきた（Fujise and Kishino, 1994）．このように，クジラ類も他の動物同様に繁殖（再生産）の中心をなす成熟個体群，特に妊娠個体に対して餌資源の優先的な利用の権利を与えていると考えられる．優先されていると考えられている妊娠雌がはたして他の個体より多くの餌を利用しているのか見てみる．クロミンククジラの妊娠雌の午前中の平均摂食量は 78 kg であるのに対して，妊娠していない他の個体の平均摂食量は 48 kg であった（南極海第 V 区 1990/91 年）．やはり妊娠雌の摂食量の方が，その他の個体のそれを上回っている可能性がある．このような習性は，種個体群全体としてより確実に次の世代を生み出す適応の一つと考えられる．

　次に，摂食量と群れの大きさとの関係を見てみよう．南極海のクロミンククジラの場合はどうか．南極海で観察される最も多いサイズは，2〜3 頭の群れである．補正後の平均群れサイズは，約 2.7 頭であるから，これを裏付けている．では，なぜクロミンククジラが 3 頭前後の群れを好んで構成するのか．1990/91 年の南極海でクロミンククジラの捕獲調査の資料から，平均群れサイズとそれぞれの群れ内の個体の平均摂食量との関係を見てみた（図 3-20）．群れが大きくなるにしたがって，個体の摂食量は増加し，3 頭群の個体の摂食量が最も多いことがわかる．平均

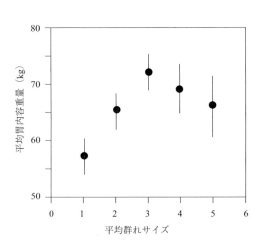

図 3-20　南極海におけるクロミンククジラの平均群れサイズと摂食量

摂食量のバラツキが大きく確証的なことは言えないものの，南極海という良好な摂食域では，クロミンククジラの餌であるナンキョクオキアミを効率的に摂食する上で，3頭程度の群れが最も適当であるという可能性を示しているのかもしれない．さらに，単独でいるより群れの方が餌探索上で利益があること，群れの方が他の種あるいは個体に対して空間的な圧力やストレスを与え，よりよい餌場が確保できるといった利点があるのかもしれない．ただし，群がるという利点は，効率的な摂食だけではないことも注意する必要がある．なお，ある程度群がった方がより餌の捕獲率が高いということは，ライオン・狼や鳥（オオアオサギ）等でも観察されている（Krebs, 1974）．

なお，北半球（北大西洋と北西太平洋）の摂食期でのクロミンククジラは通常1頭で，南極海の平均3頭弱と異なる．これは，南極海で豊富なナンキョクオキアミのパッチの大きさと，北半球の主要な餌である群集性魚類のパッチの大きさと関係があるかもしれない．

3・1・13 クジラ類の摂食量

クジラ類はすでに述べたように多様な餌と結びついてその生活を成り立たせている．水域によっては，クジラ類が利用している生物種と人間が利用している種が重なり合う．北大西洋のノルウェーやアイスランドでは古くから，漁業とザトウクジラやミンククジラとの競合に関するさまざまな議論が出されている．アイスランドは，国際捕鯨委員会（IWC）を脱退する時に「クジラを特別に扱うことはできない，それは人間が利用する以上に漁業資源を消費するからである」と述べたように，北大西洋ではシシャモやタラ類といった重要な漁業資源に対するクジラ類の摂食圧が無視できないことを示している．1999年のIWCとその下の科学委員会では，日本が提起したクジラ類の摂食量に関する報告に議論が沸騰した．

表3-4からわかるように，クジラ類の摂食量は人間が海洋から利用している量を上回っている．クジラ類が利用する海洋資源は，南極海のように人間がほとんど利用しないナンキョクオキアミなど動物プランクトンや深海性のイカ類といった水域もある一方，北西太平洋や大西洋のように，イワシ類，シシャモ，タラ類，ニシン，サバ類やサンマといった人間が利用している資源生物をクジラ類が利用している水域もある．北西太平洋の場合では，著者らの調査から北太平洋で個体数の多いミンククジラはサバ類，サンマ，ニシン，イワシ類，イカ類，

表3-4 クジラ類による海産生物の摂食量（ICR, 1999；田村・大隅，1999より引用）

北大西洋

クジラ種	資源量*	平均体重 (t)	生物重量 (t)	推定年間摂食量** (t)	
ヒゲクジラ類					
シロナガスクジラ	1,600	69.2	110,720	429,100 ～	1,414,400
ナガスクジラ	16,625	42.3	703,238	3,206,000 ～	8,983,900
イワシクジラ	9,110	19.9	181,289	1,060,000 ～	2,316,000
ニタリクジラ	21,901	13.2	289,093	1,935,500 ～	3,693,200
ミンククジラ	32,600	5.3	172,780	1,556,200 ～	2,207,300
ザトウクジラ	2,000	31.8	63,600	318,600 ～	812,500
セミクジラ	200	55.0	11,000	46,000 ～	140,500
ホッキョククジラ	7,500	80.0	600,000	2,216,500 ～	7,665,000
コククジラ	21,113	25.0	527,825	2,862,300 ～	6,743,000
ヒゲクジラ類合計			2,659,545	13,637,000 ～	33,975,700
ハクジラ類					
マッコウクジラ	102,112	34.3	3,502,442	17,110,600 ～	44,743,700
ツチクジラ	5,870	13.0	76,310	513,500 ～	974,900
コビレゴンドウ	89,502	2.5	210,505	2,373,300 ～	2,858,500
オキゴンドウ	48,332	1.7	79,731	925,100 ～	1,060,200
ハナゴンドウ	83,361	0.4	33,344	426,000 ～	707,800
マイルカ	3,179,200	0.09	286,128	3,655,300 ～	9,935,800
スジイルカ	1,485,900	0.12	178,308	2,277,900 ～	5,631,000
マダライルカ	1,782,000	0.1	178,200	2,276,500 ～	5,976,500
ハシナガイルカ	1,582,200	0.06	94,932	1,212,800 ～	3,768,500
バンドウイルカ	316,935	0.4	126,774	1,619,500 ～	2,690,900
カマイルカ	950,000	0.12	114,000	1,456,400 ～	3,600,100
セミイルカ	300,000	0.08	24,000	306,600 ～	866,400
サラワクイルカ	289,300	0.17	49,181	628,300 ～	1,384,500
イシイルカ	443,000	0.18	79,740	1,018,700 ～	2,202,800
スナメリ	5,000	0.04	200	2,555 ～	9,100
シロイルカ	32,800	1.0	32,800	419,000 ～	514,500
ハクジラ類合計			5,079,845	49,112,700 ～	64,895,000
総　　　計			7,739,390	65,479,000 ～	98,870,700

北太平洋

クジラ種	資源量*	平均体重 (t)	生物重量 (t)	推定年間摂食量** (t)	
ヒゲクジラ類					
シロナガスクジラ	1,378	69.2	95,358	369,500 ～	1,218,200
ナガスクジラ	22,800	42.3	964,440	4,396,700 ～	12,320,700
イワシクジラ	9,250	19.9	184,075	1,086,300 ～	2,351,600
ミンククジラ	184,225	5.3	976,552	8,835,400 ～	12,475,400
ザトウクジラ	10,600	31.8	337,080	1,688,400 ～	4,306,200
セミクジラ	870	55.0	47,850	200,000 ～	611,300

ホッキョククジラ	450	80.0	36,000	133,000 ～	460,000
ヒゲクジラ類合計			2,641,354	16,699,300 ～	33,743,300
ハクジラ類					
マッコウクジラ	190,000	34.3	6,517,000	31,837,800 ～	83,254,700
シャチ	5,500	2.4	12,925	152,900 ～	165,100
キタトックリクジラ	44,300	5.4	240,017	2,155,800 ～	3,066,200
ヒレナガゴンドウ	778,000	0.8	622,400	10,509,700 ～	7,951,200
ハナジロカマイルカ	13,420	0.23	3,087	39,431 ～	78,642
タイセイヨウカマイルカ	38,680	0.2	7,349	93,900 ～	199,400
ネズミイルカ	28,510	0.06	1,711	40,741 ～	67,905
シロイルカ	55,200	1.0	55,200	705,200 ～	865,900
イッカク	28,000	1.2	33,600	417,700 ～	496,308
ハクジラ類合計			7,493,289	46,364,500 ～	95,726,800
総　　　計			10,134,643	63,063,800 ～	129,470,000
南半球　総計			21,088,780	143,560,600 ～	269,409,200
全海域　総計				278,827,900 ～	497,749,900

*：資源量の推定値は，Tamura and Ohsumi（1999）の引用文献を参照．
**：3方式による推定値の範囲を示す．

イカナゴ類，オキアミ類，スケトウダラといった種類を摂食していることがわかっている（Kasamatsu and Hata, 1985；Kasamatsu and Tanaka, 1992）．常磐・三陸にかけては，このミンククジラはイカナゴ，ツノナシオキアミとマイワシを主要な餌としている．マイワシが増加する以前は，ツノナシオキアミとイカナゴがミンククジラの主な餌であった．当該水域に来遊するミンククジラによって摂食されるイカナゴは約1万トンから1万5千トンと推定しており，この数量はこの水域の漁業者が年間に漁獲する量に匹敵する．表3-4で示された個体数の推定と摂食量の推定については，まだこれから検証しなければならない課題が多いが，今後クジラ類の分布や生態を調べるのみならず，クジラ類による漁業資源の利用の実態も明らかにしていく必要がある．

3・2　体色と摂食との関係

　クジラ類の外部形態と摂食との関係については，3・1で説明した．解剖学的な形態とともに，クジラ類の体色やその模様といった特徴と摂食行動との関係についての研究は，近年の摂食方法の詳細な報告数の増加と比べて，ほとんど

進んでいないようである．Yablokov（1963）はクジラ類全般の，そしてMitchell（1970）は小型ハクジラ類の体色と餌のとり方に関して包括的な考察を行っている．

　Yablokovは，動物プランクトンや表層性の魚類を主な餌とするグループと深海のイカ類などの頭足類を主な餌とするグループという観点から体色を検討し，深海（暗黒）を主な餌場とするグループ（マッコウクジラ・一部のアカボウクジラ科クジラ（トックリクジラ類やツチクジラなど））では全体に体色が均一であるという特性をもっていると示唆している．

　ヒゲクジラについては，多くの解釈が出ているわけではないが，Brodie（1977）は，ザトウクジラの胸ビレの大きさとその色（白黒のまだら模様）に関して，餌を口側に追い立てる役割をもっているのではないかと示唆している．著者は，北大西洋での観察で，ザトウクジラがオキアミ類のパッチに接近する際には胸ビレを体につけておき，餌に接近した後，胸ビレの裏側の真っ白な方を見せている行動を観察したが，本種においては餌の種類やその分布形態にあわせて胸ビレの特徴を利用していると考えられる．

　Brodieはまた，北半球ミンククジラの胸ビレの白い帯の役割について，餌への接近と追い立てや脅かしにあるのではないかと示唆している．なお，著者は南半球のクロミンククジラの胸ビレに白い帯がないことに関連し，北半球でのミンククジラの主な餌は表層性で群集性の魚類（かなり眼で捕食者を認識）であることから，特にこれら魚類の餌のとり方へ特化したものではないかと考えている．また，南半球のドワーフタイプ*のミンククジラは魚食性が強い可能性があり，このドワーフタイプのミンククジラも胸ビレの肩から中央にかけて白色の帯が存在する．一方，南半球の通常型のクロミンククジラの主な餌はナンキョクオキアミであることから，このような適応が必要なく現在の形態となっているのではないかと考えている．

　Mitchell（1970）は，Yablokovの見方を参考にしながらイルカ類の体色を「鞍型 Saddled」・「筋型 Striped」・「まだら型 Spotted」および「十文字型 Criscross」の4つに区分けし（図3-21），その役割について次の可能性を示唆した．

　鞍型・まだら型：背景と調和して餌から見つけづらくする効果，
　十文字型：色の対比から体を小さく見せる効果．

これらの体色模様は，鞍型から出発し多様に変化したとMitchell（1970）は考えている．このほか，シャチやカマイルカといった黒と白の対比模様（図3-21）とほぼ均一な模様（バンドウイルカ，アカボウクジラなど中型のハクジラ類）も体色模様型を代表するものである．黒と白の対比的模様の利用に関しては，確証的な記述はなされていないが，餌となる動物に対して自らを小さく見せる働きがある（図3-21下段）可能性が指摘されている．なお，このMitchellのエッセイは図を入れると39頁に及ぶもので，体色に関心を持たれた方は，必ず読んで頂きたい．今後，沿岸におけるイルカ類の観察において，これらイルカ類が自らの体色模様をどのように利用しているかといった目的意識的観察が望まれる．

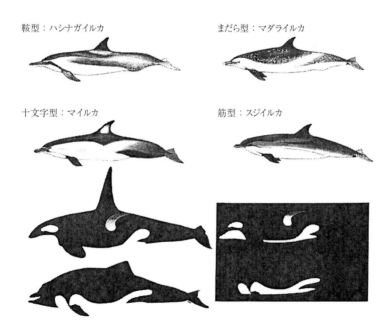

図3-21　ハクジラ類の体色型（Mitchell, 1970）
　　　　シャチとコシャチイルカ（下段）を除くイラストは「鯨とイルカのフィールドガイド」（東京大学出版会）より．下段右側は，夕方や早朝で光量が少ないときに視覚に入る部分で，実際の体より小さく見える．

＊　69頁の脚注参照．

3·3 放射性同位体・生元素同位体比で生態を測る

3·3·1 放射性同位体で海産動物の栄養段階を測る

著名な生態学者である Odum は，すでにその著書「Fundamentals of Ecology」の中で人工放射性核種の生態系内の移動と蓄積に言及し，放射性核種が有効なトレーサーの役割を担うことを指摘している（ただし，トレーサー以上にはならないことも希望している）．放射性同位体（セシウム - 137，^{137}Cs）の生物群集内における挙動に関して，Kasamatsu and Ishikawa（1997）は海産魚の ^{137}Cs に関して包括的な記述を試みた中で，海産魚の ^{137}Cs 濃度と胃内容物から得られた栄養段階とを比較し，^{137}Cs 濃度と栄養段階の間によい相関があることを示した．

(1) 海産動物の栄養段階の測定

栄養段階は，動物群集の食物連鎖において対象生物が基礎生産からどれくらいの位置にあるかの指標として用いられ，生物生産の機構解明に利用されている．動物は一般にさまざまな環境の中で多様な餌生物種と結びつき，そして餌生物を季節や生息海域によって多様に変化させる．言い換えれば，動物の栄養段階は固定されたものではなく，動的なものである．動物の食性あるいは栄養段階は，主に従来胃内容物分析により推定されてきた．胃内容物は，その動物の食性を示す最も基本的な情報であるが，代表的な食性を把握するためには比較的数多くの標本とさまざまな時間帯での標本が必要となり，対象動物の時空間的な食性の変化を追跡するには多くの時間と労力が必要とされる．

Cs は，微量元素であって動物にとって必須元素ではないが，必須元素であるカリウム（K）のチャネルを通って食物網に入り込むと考えられている．海産動物への ^{137}Cs の取り込みにおいては餌からの寄与が大きいことから，海産動物群集内で栄養段階が上がるにしたがって本核種の濃度が増加すると考えられていた．しかしながら，その生物濃縮の程度，食物連鎖の影響等に関して統一的な記述は見られなかった．Kasamatsu and Ishikawa（1997），笠松（1999）は，海産動物群集中での本核種の挙動に関して統一的な記述を試み，生物濃縮および動物の栄養段階と本核種濃度との関係の明確な事例を示した（図3-22）．

図3-23は，1994 〜 1997 年に日本沿岸で漁獲された魚類合計18 種（表層系魚種，通常の生息域が深度約 100 〜 150 m 以浅）107 試料中の ^{137}Cs 濃縮係数と生

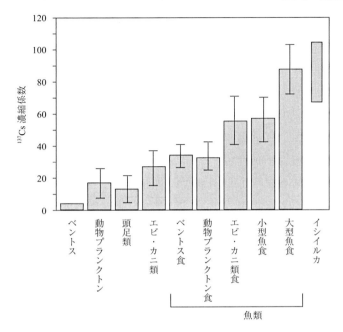

図 3-22　海産動物群集の平均 ^{137}Cs 濃縮係数
　　　　垂線は標準誤差（Kasamatsu and Ishikawa, 1997；笠松, 1999 を改編）.

態学的（上記 18 種 4 年間春と秋合計 7,312 個体の胃内容物に基づく）に調べた栄養段階との関係を示したものである．各魚種の生態学的栄養段階の推定は，胃内容物の重量組成から以下の式を用いて行った．

$$TL_a = \Sigma\,(v_i\,t_i) + 1$$

ここで TL_a は a 種の栄養段階，v_i は餌生物 i グループの全胃内容物重量に対する重量比，そして t_i は i グループの栄養段階である．ここで，餌生物の栄養段階は，既報（Zanden et al., 1997；Rowan et al., 1998）で採用されている値と同様に，植物プランクトンは栄養段階 1，動物プランクトン類とマクロベントス類は栄養段階 2，小型甲殻類（十脚目，アカエビ等）と小型頭足類（ドスイカ等）は栄養段階 2.5，そして動物プランクトンを主な餌とする小型魚の栄養段階は 3，小型魚，小型甲殻類および小型頭足類を摂餌する大型魚は 3.5 とした．

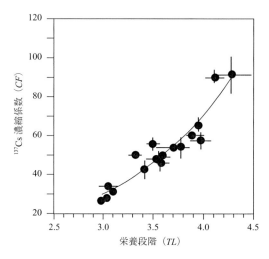

図 3-23 海産魚の ^{137}Cs 濃縮係数と栄養段階
縦と横線は，それぞれ濃縮係数と栄養段階の平均値の標準誤差（Kasamatsu, 1999 を改編）．

供試海産魚 18 種の胃内容物組成から得られた栄養段階（TL）と ^{137}Cs 濃縮係数（CF，^{137}Cs の生物中濃度／同海水中濃度）との間にはよい相関があり，海産魚類の栄養段階は，その 90％が ^{137}Cs 濃縮係数で説明できることが示された．この経験式から，海産魚類の栄養段階は，$TL = ln\ (CF) - 0.6$（$R^2 = 0.90$, $p < 0.001$）という経験式で記述できることが示された．

(2) 放射性同位体からみたイルカの栄養段階

最近では，海中での直接観察からクジラ類が何を食べているかに関する情報も入手できるが，一般にイルカやクジラが何を摂食しているかや食地位あるいは栄養段階は，胃内容物を調査して調べる．胃内容物の調査は，摂食後かなり時間が経ち，胃内容物がドロドロになり種の同定や計量が困難な場合が多い．著者らは，放射性セシウム（^{137}Cs）が海産生物の食性を記述するよい道具であることを見出したが（前述），イシイルカ筋肉中の本核種の濃縮係数（CF）を調べてみると，本種の濃縮係数は，80～100 程度で（Kasamatsu et al., 1999），本種が摂食しているものは比較的大型の魚類が摂食しているものとほぼ同じ栄養段階の餌を利用していることが示された（図 3-22）．これらは，胃内容物を調べた別の研究結果（大泉，1998．ハダカイワシ類や外洋性の小型のイカ類）と同じであった．なお，放射性セシウムを使って，摂食量を推定する方法も提案されているが（例えば，Davis and Fosters, 1958；Kolehmainen, 1974；笠松，1999），ここでは省略する．

3·3·2 生元素同位体比（$δ^{15}N$）でみる栄養段階

生元素同位体比による食物連鎖構造解析の原理については，2·3·2 (3) で述

べた．この同位体比を使って高次捕食者であるクジラ類やアザラシ類などの鰭脚類と沿岸生物群集との食物連鎖関係が，Wada et al.（1987），Rau et al.（1992），Hobson and Welch（1992）などによって記述されている．

　大泉（1998）は，イシイルカの摂餌生態を追求する中で，同位体比を使ってイシイルカの北西太平洋における生物群集中での食地位を調べた．彼は，イシイルカのδ^{15}N 値は 11 〜 12‰，イシイルカの栄養段階は，3.2 〜 4.1（カイアシ類の栄養段階を 2 とした）であったと報告している．なお，この値は放射性同位体^{137}Cs によって推定された栄養段階とほぼ同じであった．

　イシイルカのδ^{15}N 値はイワシ類，イカナゴ，スルメイカより約 3 〜 3.5‰高い値を示し，これらの餌に依存している可能性が示唆されると報告されているが，より主要な餌と考えられるドスイカ類のδ^{15}N 値はイシイルカより高く，まだ食物連鎖構造は，十分説明できていない．しかしながら，炭素同位体比の分析では，イシイルカがいくつかの異なる食物網を利用している可能性が示唆されているなど重要な進展が示されている．

第4章　繁殖生態

4・1　繁殖生態

4・1・1　繁殖域

　親が自己の生まれた海域に回帰して繁殖に参加することは，一つには自己の生まれて育った海域は，今日まで生き残れたという現実に照らして，最良でないまでも安全な繁殖の場ということを知っているからと思われる．クジラ類の先祖は，赤道付近の浅い海で発生し，暖かい海を生活領域としていた．一般に動物では，摂食より繁殖の方が保守的であるが，クジラ類の多くの仲間も依然として自らの祖先が発生した赤道付近の暖かい海域を繁殖域にしている．クジラ類は，中新世（2400万年から500万年前）において寒冷域の生産性の高い水域からより多くの栄養を摂取するように適応を遂げたが，繁殖期にあっては安全で良好な環境下の繁殖域に再び集中的に回帰する．

　動物は，それぞれの生活領域の一部分に自己の繁殖域を設定している．魚類など，産卵という形をとる動物では，海流等の外力を利用して浮遊性の卵稚仔を集中的発生から分散させている．そして流動によって卵稚仔を個体群（注：ここでいう個体群とは，ある特定の空間を占める同種の生物がつくる遺伝的に等質な集合体をいう．Odum, 1971；畑中，1977）領域に効率的に拡散させることによって，発生時の過密が適当に解消され，栄養摂取を保障し生き残り率を高めている．このように，ある種の動物では，その繁殖域は海洋環境に規制され影響されることになる．クジラ類の場合，水環境からの独立性が比較的高いこと，生まれた新生仔は数ヵ月間親とともに行動し，また新生仔も一定の遊泳能力をもっているために，他の海棲動物に比べて海洋環境にそれほど大きな規制を受けないと考えられる．クジラ類がどのような海域に繁殖域を設定していて，どのような環境下にあるのかは，沿岸性のヒゲクジラのザトウクジラ・セミクジラやコククジラに関する限り近年かなり知られてきた．しかし，普段あまり目

につかない外洋性の種の繁殖域や繁殖生態に関しては，ほとんど知られていないのが現状である．

4・1・2　外洋性クジラ類の繁殖域

クジラ学の著名な研究者であった英国の Mackintosh 博士は，30 年前の論文（Mackintosh, 1966）の中で当時南極海といった摂食域での調査のみが行われていることに鑑み，「繁殖海域の特定とその直接観察の必要性」を説くとともに，未解明の 2 つの問題を提起した．それは，(1) クジラは高緯度の摂食域から繁殖のためどれほど赤道近くまで北上するのか，そして (2) 繁殖海域とは集中したものなのかあるいは分散したものなのか．30 年経過した現在でも，これに関する回答は，残念ながら一部の沿岸性の種を除き十分与えられていない．しかし，これらの情報はクジラ資源を保護・管理する上で重要な情報である．

日本が行っている南半球での組織的な目視調査結果を分析すると，それまでまったく知られていなかった低緯度での南半球のクロミンククジラの繁殖海域が次第にわかってきた．クロミンククジラの繁殖期のピークは，8 ～ 9 月と考えられている（Best, 1982）．日本が行った調査は，10 月からであり，調査の前半 10 ～ 11 月は繁殖期のピークではないがその後半にあたる．この繁殖後期での低緯度での分布密度を調べてみると，明らかに密度の不均一が見られてきた．

図 4-1 に，赤道から南緯 30 度間での経度 10 度毎の遭遇率を示した．調査された海域ではインド洋の東側の南緯 10 ～ 30 度，東経 100 ～ 120 度間が特に密度が高く，この海域では，親仔も確認され，この海域が本種の繁殖海域である可能性が示唆された．この海域は，他のヒゲクジラのシロナガスクジラの集中的な発見もあること（笠松，1993）やミナミマグロの繁殖域ともよく一致し，大型海棲動物の繁殖に適した環境があると考えられる．一方，太平洋側では，西経 180 度から西経 140 度にかけてと，西経 100 ～ 120 度間に 2 つの高密度海域が確認された．これらの 2 つの海域ともに親仔も確認され，繁殖域であると考えられた．

この 2 つの高密度海域の境にあたる西経 120 ～ 140 度間の本種の密度は極めて低く，特に西経 120 ～ 130 度間に本種の発見が極めて少なかったことから，この付近が 2 つの個体群の境界であると考えられる．この境界は，本種の南下回遊時および摂食域でもはっきりと存在していることからも（図 2-35 参照），この見方を裏付けている．クロミンククジラを含むナガスクジラ科クジラの場合，繁

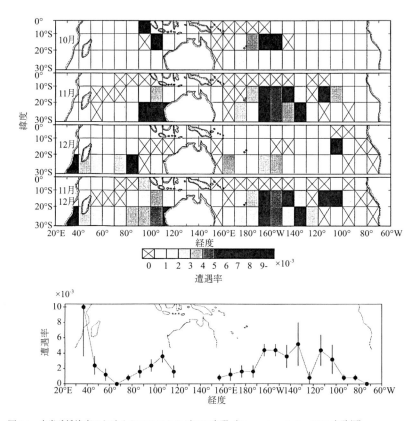

図4-1 南半球低緯度のおけるクロミンククジラの出現（Kasamatsu et al., 1995 を改編）
上の図は，緯度・経度10度区画内の密度分布，下の図は南緯10〜30度における経度各10度毎の平均遭遇率（垂線は平均値の標準誤差）．

殖域への来遊の時期は成熟段階や雌雄によって異なることが知られているが，繁殖期にはほぼ同じ海域に集中することが知られているので（Bannister and Gambell, 1965），これらの集中海域は本種の繁殖域であると考えられる．なお，南太平洋の2つの繁殖域のうち西側のものは，赤道近くの諸島域の広がりとよく一致している．

　比較的古い種と考えられているセミクジラ（Barnes, 1977；Barnes et al., 1985）では，それらの繁殖域が赤道付近陸地に近い沿岸域にあるなど，繁殖域

は本来は赤道付近の浅い沿岸域が中心であり，クロミンククジラの繁殖域の中にはインド洋東部（北西部にクリスマス島があるものの）や南太平洋東部のように完全に外洋域の水深の深いところに存在している．なぜ，大陸や島等の沿岸域に繁殖域を持たなかったのか．それは，外洋域での広大な繁殖域を手に入れることによって，より多くの個体数を維持し，より優占的な位置を獲得するような進化を遂げたと思われる．実際，外洋性の種の個体数は，沿岸性の種に比べはるかに多くなっている．

以上の研究により，先ほどのMackintosh博士の30年前の2つの重要な質問の答えとして，外洋性種の一つであるクロミンククジラは，(1) 赤道近くまでは北上するものの，赤道より若干南の南緯10〜30度付近（中心は南緯10〜20度）に繁殖域をもっていること，(2) この種の繁殖域は，沿岸性のザトウクジラやセミクジラ等より分散した繁殖域をもっている可能性を示唆した．同じ外洋性の種であるシロナガスクジラやナガスクジラ等も同じように比較的分散した繁殖域をもつ可能性がある．

4・1・3　繁殖域の面積と個体数

摂食期にほとんどのヒゲクジラは，餌の豊富な海域へ回遊し効率的に栄養摂取を行う．摂食域における餌資源の豊度がこの餌を利用している個体群の個体数を規制する要因の一つであることは間違いないが，高度な遊泳能力や餌探索の能力を進化の過程で獲得したクジラ類にとって，餌資源の利用度がはたしてどれほど個体群の個体数を制限するのかまだよくわかっていない．一方，繁殖のための海域は，一般に個体群の数量が増加すると，通常の繁殖海域を越えて拡大し（米国西海岸のラッコの例など：Lubina and Levin, 1988），減少すれば海域も収縮するが，その広さは一定の適応限界のもとにあると考えられている．したがって，繁殖域の面積が，その個体群の個体数を規制する要因となることは，十分考えられる．しかし，クジラ類に関して実際に繁殖域の面積と個体数の関係が示された例はない．

先ほどの調査結果でさらに注目されたのは，南太平洋西部の繁殖域が他の繁殖域と比べてはるかに広い（約4倍）ということである．残念ながら，繁殖域において直接推定された個体数の推定値はないので，繁殖域の面積とその個体数との関係を示す材料はない．しかし，クロミンククジラは，繁殖域からほぼ真南に南下回遊する（2・3・1 参照）ことが知られており，繁殖域の南の摂食域に

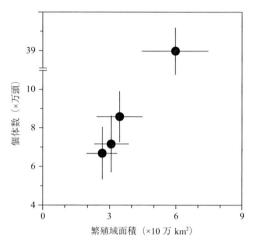

図4-2 南半球クロミンククジラの繁殖域の面積と個体数

おける個体数の推定値が与えられているので（笠松，1993），繁殖域とそれに対応する個体群の個体数との関係を間接的に見ることができる．図4-2に上記で観察された4つの繁殖域の面積と個体数との関係を図示した．この図から，繁殖域の面積と個体数が確かに関係している可能性が示唆される．資料の数が少なく確証的なことは今後の研究成果を待たざるをえないが，好適な繁殖域の面積が，餌の利用可能量とともに個体群の個体数を規制している可能性を示唆しているのかもしれない．

4・1・4　繁殖期

クジラ類の繁殖期に関しては，これまで胎児の有無，その大きさに基づく推定と目視などによる直接観察から数多くの報告がある．季節が異なる南北両半球においても，南北回遊するヒゲクジラの受胎期と出産期は冬期から浅春に限られている．一方，南北回遊を行わない南アフリカ沖のニタリクジラでは，周年受胎と出産が行われている可能性が示唆されている（Best, 1977）．

ハクジラ類の繁殖期は，生息水域が暖かい赤道域でほぼその水域内で生活する種（例えばマダライルカ）などでは，繁殖周期があいまいとなりほぼ周年繁殖に係わる傾向がある．一方，寒冷な水域や南北回遊するグループ（シロイルカやマッコウクジラ）では，比較的はっきりした繁殖期を持つとともに，シロイルカのように非常に繁殖期が短い傾向を持つ（7～8月の30日以内にほとんど出産を済ませてしまう）．出産後における仔クジラの生存にもっとも好適な短い期間（環境水温や餌を食べはじめるタイミング）に集中させていると考えられる．主要なクジラ類の繁殖期を表4-1に示した．

表4-1 クジラ類の繁殖期

	海　域	受胎盛期（月）	出産盛期（月）
ヒゲクジラ類			
シロナガスクジラ	南半球	6〜6	5
ナガスクジラ	南半球	6〜7	5
	北大西洋	12〜1	11〜12
	北太平洋	12〜1	11〜12
イワシクジラ	南半球	7	6
	北大西洋	11〜2	11〜12
	北太平洋	10〜11	11〜12
ザトウクジラ	南半球	7〜8	7〜8
	北大西洋	2	1〜2
	北太平洋	2	1
クロミンククジラ	南半球	8〜9	5〜6
ミンククジラ	北大西洋	2	12
	北太平洋	2〜3	12〜1
ニタリクジラ	南半球（沖合型）	3	2〜3
	北太平洋	12	2〜3
コククジラ	北太平洋	11〜12	1〜2
セミクジラ	南半球	8〜10	5〜8
ホッキョククジラ	北極海	3〜5	4〜5
ハクジラ類			
マッコウクジラ	北半球	3〜5	4〜6
	南半球	8〜1	10〜12
ツチクジラ	北太平洋	10〜11	3〜4
キタトックリクジラ	北大西洋	4〜5	4〜5
ヒレナガゴンドウ	北大西洋	4〜5/7〜11	7〜10/11〜3
シロイルカ	北極海	4〜5	7〜8
シャチ	北半球	10〜12	10〜1
バンドウイルカ	北半球	3?〜5（6〜7）/8〜9（春/秋）	3〜5（6〜7）/8〜9（春/秋）
スジイルカ	北太平洋	11〜12/5〜6	1〜4/7〜9
カマイルカ	北太平洋	9?〜11	7〜9
マダライルカ	太平洋	ほぼ周年	ほぼ周年
マイルカ	北太平洋	4〜6/10〜12	3〜4/9〜10
イシイルカ	北太平洋	8〜10	6〜8

Lockyer, 1984；Brown and Lockyer, 1984；Evans, 1987 より.

4・2 繁殖行動

4・2・1 集中回帰

　ごく狭い沿岸域や川などにその生活領域が限られた種類を除き，クジラ類は広大な海域に分布している．特に，ヒゲクジラは，摂食期には効率的に栄養を摂取するために広大な海域に分散する．例えば，ザトウクジラの密度の最も高い摂食域（東経70〜130度）では，少なくとも約2,000頭のザトウクジラが600万 km^2（日本の面積の約16倍）という広大な海域で餌を食べている．クジラ類は，これら摂食域に無作為あるいは一様に分布しているわけではなく集中分布しているものの，仮に，このような広大な海で繁殖の相手を見つけ出すとすると，それはあまり効率的ではない．したがって，繁殖行動の最も重要な行動の一つは，繁殖域へ集中して回帰することである．同じ海域に時期的にも場所的にも集中することにより，同じ種や個体群内の相手とめぐり会う確率が高くなり，そして繁殖を集中して行うことを通して効率的に次の世代を生み出すとともに，純粋な種内・個体群内の交配，すなわち斉一遺伝子の交換が実現され，次の世代に対して相対的に等質な個体群を保証している．先ほどのザトウクジラ個体群の場合，繁殖域の面積は約15万 km^2 とされ（Chittleborough, 1959；Bannister, 1994 の繁殖域より推定），繁殖域での密度は，摂食域での密度に比べて約40倍高くなっている．これで比較的容易に相手を見つけ出すことが保証されるのである．

　しかしながら，すべての個体がまったく同じ海域に，同じ時期に回帰するわけではない．繁殖域の様子が比較的よくわかっている南半球のセミクジラや北東太平洋のコククジラでは，それぞれの個体の性や成長段階によって異なった回帰・回遊が行われていることが明らかになっている．セミクジラやコククジラでは，授乳中の仔を伴った親仔が繁殖期に最初に回遊してきて，湾あるいは入り江の中の比較的浅い海域に集中する．次に，多少大きくなった仔とその母親が比較的深い湾内の海域に，そして残りの活動的な成熟個体（交尾などの行為を伴う）や未成熟の個体は繁殖期の中頃に集中して回遊し，湾の入り口や湾から多少離れたところに集中する（Best, 1981；Clark, 1983；Norris *et al.*, 1983）．これは，仔育てを優先させるとともに，仔を連れず妊娠が可能な雌と成熟雄が効率的に交尾が行えるようなシステムができあがっていると考えられている．

外洋性のクジラ類に関しても，このような棲み分けされた回帰が行われている可能性がある（Bannister and Gambell, 1965）．しかし，前述したようにセミクジラ・コククジラやザトウクジラ等の沿岸性の種と異なり，沿岸性のクジラ類が形成するようなかなり密集した繁殖域を持たず比較的分散した繁殖域を形成しているシロナガスクジラやナガスクジラ等の外洋性のヒゲクジラが，はたしてどのような繁殖システムを持っているのかわかっていない．

4·2·2　性行動

1970年代に「クジラの歌」が大流行した．これは，ザトウクジラの雄が繁殖域で出す声を録音したものであるが（Payne, 1972；Tyack, 1981），この「クジラの歌」の研究が，一方でクジラ類の繁殖行動（特に交尾等の性行動）に関する直接的な観察例をもたらすことになった．特に観察例の多いハワイ諸島のザトウクジラと南アフリカと南アメリカのセミクジラでは，かなり詳細な性行動が報告されている．ザトウクジラの場合，雄は主に繁殖域で「歌」を歌いはじめ，他のザトウクジラに接近する．接近すると歌うのを止める．接近した相手が雄や未成熟の個体であれば離れて歌いはじめ，次の相手を探す．相手が妊娠可能な雌や仔連れの雌であれば，しばらく伴泳し，そのうち雌にやさしくタッチしたり，雌の周りを回ったりして雌を誘う．そしてその行為が10数分続いた後に交尾が行われる（Tyack and Whitehead, 1983）．ザトウクジラの雄が絶えず雌と交尾できるとは限らない．ザトウクジラの雌で妊娠が可能な雌の数は，現在妊娠中の雌や休止中あるいは授乳前期の雌を除くと成熟した雌の数の半分か3分の1である．したがって，成熟し繁殖可能な雄1頭に対して妊娠可能な雌1頭の割合とは残念ながらならない．ザトウクジラの場合，妊娠可能な雌（仔連れの場合もある）にたとえ1頭の雄（principal escort）が伴泳していても，他の成熟した雄は，雌との交尾を行うために大変積極的な行動を示す．ザトウクジラの雄は，その群れに近づくと，尾や手羽（胸ビレ）で激しく海面を叩いたり，海中で激しく泡（噴気）を出したりして雌に付いている雄にチャレンジする．このような行為は，数時間継続することがある．このような雄は，1頭とは限らず数頭の雄が1頭の雌に付いていることがある．ザトウクジラの雌は繁殖期間中1頭の雄とだけ交尾することはないが，一度に多数の雄と交尾することはなく，競争に打ち勝った雄と交尾する．

セミクジラの性行動は，ザトウクジラと似ている．セミクジラでは，1頭の雌

の周りを何頭もの雄（最大7頭まで観察されている）が取り囲み，雄は雌に対してその周りを回ったり，体の下に回り込んだり，体を押し上げたり（body heaving），手羽を空気中に出して振ったり，体に優しくタッチしたり，そして海中で激しく泡を出したりして雌の関心を引く行為を繰り返し，他の雄と交尾相手をめぐって競い合う（Best, 1981, 1995；Clark, 1983）．ただし，この競い合いは，ザトウクジラの争いほどで激しくはない．運良く雌の関心を引いた雄は，雌の下に入り込み交尾を行う．1回の交尾は短い時間であるが，何回も繰り返される．雌は，時として交尾を拒否することがある．その時は，腹側を上にして交尾ができないようにするか，より浅いところに逃避する．

セミクジラの場合には，雌の逃避に対して雄同士が協力して雌を水面下に押し下げて交尾可能な姿勢にして1頭の雄に交尾させる行為が報告されている．この雄同士の協力（愛他主義, altruism, あるいは互恵的利他行動 reciprocal altruism）では，自分自身は今回何の利益もないが，次の機会あるいは結果として雄の交尾の機会が増えることを保証していると思われている．このような行動は，セミクジラのみの特殊な行動ではなく，陸上の動物（例えばヒヒ）でも見られる（Slater, 1985）．

精子の代理戦争

ザトウクジラは交尾相手をめぐって雄同士が肉体的に激しくその位置を争い，より強い雄の遺伝子が次の子孫に伝わるようなシステムとなっているが，セミクジラの場合は，雄同士が肉体的に争うのではなく，雄の精子同士が雌の膣や子宮内で争う "精子の争い（sperm competition：Smith ed., 1984）" システムが取られていると考えられている（Brownell and Ralls, 1986；Best, 1995）．セミクジラは，ザトウクジラ等の他のクジラに比べて非常に大きな睾丸と長いペニスを持っている．この大きな睾丸により多量の精子を生み出すことができ，射出時の精子の量が多く競争相手の精子を押し退け，またより長いペニスでより膣の深いところに精子を送り込み， "精子の争い" に打ち勝つような適応を遂げたと考えられている（Evans, 1987；Best, 1995）．このような行動は，同性内淘汰（あるいは性淘汰）の1種であり，他の動物にも見られ，昆虫の中には驚くことに先に交尾した雄の精子をかきだして自分の精子と置き換えてしまうものがある（Siva-Jothy, 1984；Ono et al., 1989）．

4·3 クジラの群れとその特性

4·3·1 群れとは

集合の最も基本となるのは「群れ」であるが,「群れ」という言葉の定義は様々である．その形態,内部秩序の発達程度そして機能においてもさまざまな「群れ」があるが，通常洋上で観察するクジラの「群れ」とは，同じ種の個体がそれぞれ体長の 2～3 倍以内の距離にあり，同じような行動をしている集団を指す．群れという言葉は英語では，魚の school，鳥の flock，有蹄類の heard，霊長類の troop などさまざまな呼び名が付けられているように，多様な群れの構造が存在する．群れを作る理由とその結びつきはさまざまであるが，動物において最も基本的な群れは，親仔である．これは最も絆の強い群れといえる．

一般に，群れるということは，群れることにより何かの利益が生じなければならない．一方，群れることにより逆にコストがかかる場合もある．例えば，より捕食者に目立つことや，より大量の餌を見つけなければならないこと，そしてその餌資源を分け合わなければならないことはその例である．したがって，これらコストを上回る何らかの利益がなければならない．この利益とは，(1) 共同することによって餌獲得をより容易にする，(2) 雌雄の交尾の機会を増加させる，(3) 捕食者や競争種からの攻撃を防ぐ，あるいは他の種や個体に対する空間的圧力を増す，(4) 生息環境条件に対する抵抗を増す，等が考えられているが，群れを作る理由は種によってさまざまと思われる．著者が南極海で観察したクジラ類の群れの大きさを表 4-2 に示す．

4·3·2 群れの特性

(1) ハクジラ類

ハクジラ類の群れは，ヒゲクジラより社会性が強く，またさまざまな構成の群れを形成する．ハクジラ類の中では，代表的なマッコウクジラの群れの構造とその段階がよく知られている（図 4-3）．マッコウクジラでは，基本となる群れは 10 数頭からなる繁殖育児の群れで，これには成熟雌と未成熟の両性の個体からなる．この中の未成熟の雄は成熟が近づくと，この群れから離れて若い雄だけの群れを作る．さらに成長すると，単独雄となり寒冷域までその行動範囲を広げる．繁殖期には，この単独雄は「ハーレム・ブル」として繁殖育児群に入り繁殖に参加する．成長期のまだ若い雄やハーレム・ブルになれなかった大型

表4-2 南極海における最近のクジラ類の群れサイズ

鯨　　種	観察された平均群れサイズ（）内標準偏差	最小－最大	偏り*観測群数	補正後
ヒゲクジラ類				
シロナガスクジラ	1.69（1.05）	1〜5	35	1.4
ナガスクジラ	2.83（2.61）	1〜16	60	2.3
ザトウクジラ	1.88（0.71）	1〜5	128	1.7
イワシクジラ	3.09（3.18）	1〜16	33	1.4
クロミンククジラ	4.09（7.07）	1〜118	5,326	2.7
ハクジラ類				
マッコウクジラ	1.45（1.03）	1〜6	84	1
シャチ	20.92（44.06）	1〜380	168	8.9
ゴンドウクジラ	64.85（68.95）	1〜249	20	72.8
ミナミトックリクジラ	2.24（1.39）	1〜8	41	2.1
ミナミツチクジラ	2.75（2.22）	1〜6	4	－
ダンダラカマイルカ	8.57（14.30）	1〜100	70	6.7
シロハラセミイルカ	19.00（12.12）	1〜30	3	－

Kasamatsu *et al.*, 1988 より引用．なお，平均群れサイズは，観測値の平均値を使用している．実際の調査では，すべての群れを発見できるわけではなく，小さい群れは見逃しやすく，逆に大きい群れがより見やすいという影響を受けるため，観察値の平均群れサイズは，過大になる傾向がある（Kasamatsu *et al.*, 1990）．この影響を補正して推定された平均群れサイズを右辺に示した（笠松，1993 より引用）．

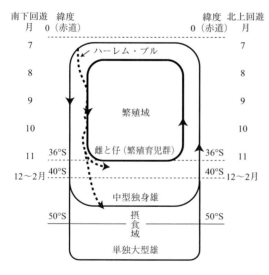

図4-3 マッコウクジラの群れ構造とその段階（Best, 1979 を改編）

単独雄は，繁殖育児群が通常生活している温暖な海域とは異なる分布領域を持っている．これは，多大なエネルギーを必要とするこれら成長期や大型の雄を「島流し」し，繁殖育児群との餌の競合を避けるためと考えられている（Best, 1979）．一方，繁殖育児群の中の雌は，ほとんど一生をその群れ内で生活し，祖母・母・娘といった母系の強い絆があると考えられている．

この特徴は，他のハクジラ類のシャチでも観察されている（Bigg *et al.*, 1990）．

同じハクジラ類のコビレゴンドウでは，基本的にはマッコウクジラと同じ繁殖育児群を構成するが，成熟した雄は「島流し」されずに繁殖育児群に加わっている．マッコウクジラの場合は餌を大量に消費する余剰雄を「島流し」して，餌資源の競合を避けているが，コビレゴンドウの場合は，雄の寿命を短くして用無しの雄を「早死」にさせることによって，繁殖育児群との餌の奪い合いを避けるシステムができあがっているとも考えられている（Kasuya and Marsh, 1984）．

成熟雄が絶えず集団内にいるシステムでは（例えば水族館），集団内で近親交配が進んでしまうことになる．すなわち，成長した雄が自分の娘と交尾しかねないことになる．実際に，水族館での人工的な集団では一番強い雄による近親交配が起こってしまい，最近ではこれを避けるために水族館同士での個体の交換が行われるようになっている．過度の近親交配は，次の世代の繁殖能力を弱めることは明らかである．したがって，一般の動物の世界では，成熟するにしたがってどちらかの性の若い個体が，生まれ育った群れから出て，近い血縁の個体と交尾しないシステムがとられている．鳥の場合では，普通雌が他の地域へ分散するのに対して，哺乳類では雄が出ていくことが多いとされている．例えばライオンの場合は，生まれた雌は群れにとどまり，雄は生まれた群れを離れ新しい群れを探さなければ（探して乗っ取ることが必要）ならない．したがって，一つの群れの雌ライオンはお互い血縁関係にあり，この雌たちは大体同じ頃に出産し，互いの子供に乳を飲ませ合う等の行動を示す．クジラの場合も，雄が成長に伴い群れを出ていくケースで，一旦出ていった雄は，再び同じ群れには戻らないことを示している．

(2) ヒゲクジラ類

ヒゲクジラの場合は，親仔という群れ以外にはそれほど強い絆の群れを作らない．著者の南極海における観察でも，ある数頭のクロミンククジラの群れが，しばらく追尾した後には，他の群れに合流したり，あるいは観察中に群れが分かれてそれぞれ別々の方向に遊泳していったということは数多くある．これらの群れは，どのような雌雄構成や大きさの個体から構成されているのだろうか．捕鯨船団によって摂食域におけるクロミンククジラの群れがどのようになっているのかを調べるために，船団によって1群の全個体が捕獲されたケースを調べた．その結果を表4-3に示した．クロミンククジラの場合，南極海の氷縁近くの摂食域で

表4-3 南極海で1群の全個体が捕獲されたクロミンククジラの群れの雌雄構成（Shimadzu and Kasamatsu, 1983, 1984 ; Kasamatsu and Shimadzu, 1985 より）

摂食期（月）	雄／雌	捕獲鯨の体長（m）	
11月～2月中旬	雄2雌2	雄 8.0, 8.5	雌 8.5, 8.8
	雄6雌1	雄 8.7, 8.5, 8, 8.3, 7.7, 7.5	雌 8.2
	雄2雌2	雄 9.1, 8.3	雌 9.4, 9.0
	雄1雌2	雄 7.9	雌 9.6, 9.3
	雄5雌0	雄 8.6, 8.6, 8.5, 8.3, 8.3	雌
12月中旬～1月中旬	雄0雌3	雄	雌 9.5, 8.8, 8.2
	雄1雌2	雄 8.2	雌 9.3, 8.5
	雄1雌3	雄 8.7	雌 10.5, 9.0, 9.0
	雄2雌1	雄 8.0, 7.5	雌 8.8
	雄1雌2	雄 8.6	雌 9.6, 8.7
	雄0雌4	雄	雌 9, 7, 9.1, 8.6, 8.3
1月中旬～2月	雄0雌4	雄	雌 9.7, 9.0, 8.5, 8.1
	雄1雌3	雄 8.3	雌 9.3, 9.0, 8.7
	雄0雌3	雄	雌 8.9, 8.4, 8.2
	雄1雌2	雄 6.8	雌 9.1, 8.8

は，摂食期初期の11～12月上旬では雌雄比は7：16と雄が多く，摂食期盛期にはその比は，15：5，12：2と今度は雌の比率が多くなり，摂食期盛期になると雌を中心とした群れが多くなる傾向を支持する結果となった．さらに，氷縁近くの良質な餌場では群れの中に未成熟の個体が比較的少ないことも示されており，これはその後未成熟の個体の多くが1頭で氷縁から離れた沖合に分布していることがわかってきた（Kasamatsu et al., 1993；Fujise and Kishino, 1994）．

　群れを作る理由として，効率的に餌をとることがあげられる．これは，ハクジラ類，特にイルカの仲間でよく知られている（Evans and Awbrey, 1987）．ただし，すべての種が摂食のために群れを作るわけではない．他の個体がいると摂食や餌の探索に邪魔になるような場合は，通常群れを作らない．ヒゲクジラでは，ザトウクジラの群れの大きさが，餌である群集性魚類（ニシンやシシャモなど）の分布やその大きさと関係があること（Whitehead, 1983；Clapham, 1993），そして南極海のクロミンククジラの摂食量と群れサイズとの関係（前述）が示唆されている以外ほとんど知られていない．

第5章　資源量推定

　現在，資源管理でもっとも重要なデータは，現在資源量の推定値である．これまで IWC 科学委員会では，標識再捕法，CPUE に基づく方法（レスリー法やドルーリー法など），資源特性値を使った生産モデル，そして目視推定法などが使用されてきたが，それぞれの方法に関してさまざまな問題が指摘され（第6章参照），結局ライントランセクト法に基づく目視調査からの資源量推定が，最も精度が高いと理解された．その結果，改定管理方式（第6章参照）では，少なくとも5年に1回の現在資源量推定値として目視による資源量推定値を使うことを規定している．

5・1　目視調査法

　ここでは，近年クジラ類のみならず野生動物全般に広く用いられはじめた目視による資源量推定の方法について概説する．

5・1・1　サンプリング調査と Distance sampling 法
　全体（母集団）から一部分（標本）を抜きとってくることをサンプリング（標本調査）という．このサンプリング方式は，大きく分けて有意選出と無作為抽出の2つに分かれる．前者は，これまでの経験と知識から代表と思われるものを抜きとってくる方法であるが，狙いが適切であれば調査の効率は高い．しかしこの方法は偏る可能性を強くもつ．これに対して無作為抽出は，主観性を排除し偏りのない調査を重視している．資源管理上での継続調査の場合は，調査の精度を比較的容易に評価できる本方法が利用されている．
　野生動物の個体数推定で，目視による直接的な方法が適用されはじめたのは1930年代からであるが，潜在的な利用価値にもかかわらず標識－再捕や捕獲－努力量による方法に対して未開発であった．Burnham ら（1980）によってライ

ントランセクト法という目視調査法の基礎的概念・野生動物への適用が包括的に記述され，以後本方法の利用が促進された．特に，クジラ類に対する本方法の適用は，南アフリカのButterworth博士らや英国のBuckland博士らにより発展し，世界の野生動物個体数推定の見本になるまでになった．それらの成果は，1993年英国のBucklandらにより「Distance Sampling」という本にまとめられた．この本と付録とされたCD-ROMの無料配布により，本方法はクジラ類以外の野生動物にも急速に波及し，現在最も主要な個体数推定の方法となっている．

　Distance sampling法には，Line transect, Strip transect, Point transectの3つの方法が提案されている．このうち最も基本となり，またよく利用されるのは，Line transect（ライントランセクト）法である．Strip transectとPoint transectはいずれもライントランセクトの特別なケースである．

(1) ライントランセクト (Line transect) 法
a) 基本概念

　ライントランセクト法の適用にあたっては，少なくともこの区域内を横切る（例えば歩行，飛行，航行）一つの線（line）が必要である（図5-1）．

　発見された対象物の数だけの記録では不十分であり，発見した時に計数的情報の収集が必要である．それは，発見された個体（あるいは群れ）や巣や穴などから調査ラインまでの垂直な距離に関する情報である．図に示されたyの距離が直接推定される場合はyを，真横までいって直接推定できない場合は通常発見角度（θ）と発見距離（r）の値を記録して，$y = r \cdot \sin \theta$ でyを推定する．

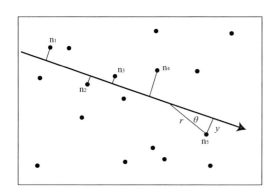

図5-1　ライントランセクトの図式
　　　既知の区域内に点（対象物）が分布している．発見された点は，調査線から垂直線が引いてある．垂直線が引いていない点は発見されなかったものである．調査線上の点は必ず発見される．調査線から遠い点は発見される確率が小さい．

　ライントランセクト法の基本的特性と利点は，すべての個体（あるいは群れ）は発見されなくてもよい（区画法などのように全数調査をする必

要がない）ということであり，かつ調査ラインから遠いものより近いものがより発見されやすいということである．

ライントランセクト法ではデータ収集から基礎的推論がなされるため，基礎的な仮定がある．それらの主要な仮定は以下の4点である．

・調査線上のすべての対象は，すべて発見される（すなわち確率1），
・対象は最初に発見された位置から動かない，対象は発見される前に動かずそしてどれも2回数えられない，
・発見距離と角度は正確に計測記録される，
・発見は独立事象である．

実際のライントランセクト法では，これら仮定がさまざまな形で破られている．実際には，破棄される仮定の特定，そしてその影響を定量的に評価，あるいは影響を最小にする検討が行われている．

b) 発見関数

ライントランセクト法から得るデータは，距離と発見数の組み合わせである．これらのデータから対象の数量を推定するためには，推定する上でのデータと密度依存要因（Abundance parameter）に関する基本的な模型（モデル）を持たなければならない．この基本モデルに該当する基本的考え方は，調査線からの距離が離れれば離れるほど，その対象の発見される確率は減少するということである．統計的にこの考え方は発見関数と呼ばれる関数（または曲線）$g(y)$として記述される（図5-2）．発見関数 $g(y)$ は，対象が調査線から垂直に y の距離にいる時に調査（観察）されるという条件付確率である．確率的には，$g(y) = Pr\ \{y$ という条件の下で発見された対象$\}$ と記述される．先に述べたように $g(y) = 1$ （すなわち調査線上の発見確率は1である）．また，$g(y)$ は横距離（y）の増加に伴って発見確率が減少するという単調減少関数である．こ

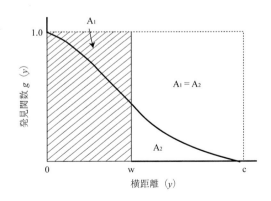

図5-2　有効探索幅の説明図
A_1 と A_2 とが同じ面積となる w（有効探索幅）を求めると $g(0)=1$ という下で斜線部が100%有効に探索したことになる．

の発見関数は，対象とする生物種（あるいは巣や穴など）の特性や探索側の形態などの組み合わせによってさまざまな関数が提案されている．発見関数は，横距離（y）のヒストグラムから検討される．発見関数は，さまざまな要因によって影響を受けるが（例えば天候など），対象の空間的分布特性（一様，ランダム，集中分布など，2·2·2 の Note 参照）に関して無関係である．

クジラ類の発見関数としては，負の指数関数(Negative exponential)，ハーフノーマル（Half-normal）モデルなどさまざまな関数モデルが検討されたが，現在では適用性が高い Buckland 博士らが開発した Hazard-Rate モデル（Buckland, 1985），

$$g(y) = 1 - \exp\left[-(y/a)^{1-b}\right]$$

が利用されている．ここで a と b はデータから推定すべきスケールパラメータである（図 5-3）．

c) 密度推定

ライントランセクト法による密度推定の概念的特性はまったく単純である．対象の密度（D）のいかなる推定も以下の式で表される．

$$\widehat{D} = n / 2 L \widehat{w}$$

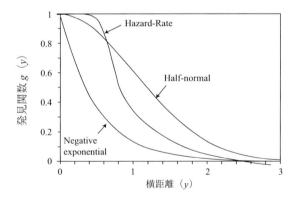

図 5-3　発見関数の例
　　　Half-normal $[\exp-(y^2/2\sigma^2)]$, Negative exponential $[\exp(-\lambda y), w=1/\lambda]$ と Hazard-Rate.

ここで n は発見された対象の数，L は調査線の長さ，w は有効探索幅．この有効探索幅は，以下の式で求められる：

$$\widehat{w} = 2\int_0^c g(y)dy$$

ここで c は，推定の対象とする調査線からの距離（調査線から距離 c 以内の発見のみを推定の対象とする）．すなわち $2\widehat{w}$ は，距離 c 内で有効に探索された区域面積である．この $g(y)$ の関数形は，y のヒストグラムから求められる．ヒストグラムの与える情報は調査線から離れるにしたがい，どのくらい頻度が落ちていくかという，横距離の相対分布であるから，$g(y)$ の形は推定できてもその絶対的な高さは推定できない．そこで横距離発見確率の確率密度関数 $f(y)$，$f(y) = g(y)/2\widehat{w}$（すなわち $f(y)$ は $g(y)$ が 1 に積分されたもの）を導入し（関数形は $f(y)$ と $g(y)$ は同じ），$g(0) = 1$ と制約を置くことにより，$\widehat{f}(0) = 1/\widehat{w}$ として発見関数が同定できる．したがって，密度（D）は次のように書きうる．

$$\widehat{D} = n\widehat{f}(0)/2L$$

推定量の標準誤差は，調査を繰り返しその都度個体数を推定した時，どの程度変動するかを表し，その標準偏差で定義される．実際の調査では，海域の一部のみを調べているので，たまたま高密度海域を探査していると密度は高く推定される．またその逆もある．現実的には同じ海域を何度も調査を繰り返すことはできない．調査がランダムサンプリングによって行われたものである場合は，1 回の調査でそのバラツキを評価できる．現在では，デルタ法により密度推定の変動係数（CV, 標準誤差を推定値の期待値で割った値）を以下の式,

$$\{CV(\widehat{D})\}^2 = \{CV(\widehat{n/L})\}^2 + \{CV(\widehat{w})\}^2$$

で推定されている．ここで $CV(\widehat{n/L})$ の推定については，2·2·1 の Note に記述してある．

また，発見された対象が群れ単位であり，推定したいものが群数ではなく総個体数の場合には，密度（D_w）推定は以下の式となる．

$$\widehat{D}_w = n\bar{s}/2Lw$$

ここで s は平均群れサイズである．個体数密度の変動係数は，

$$\{CV(\widehat{D}_w)\}^2 = \{CV(\widehat{n/L})\}^2 + \{CV(\widehat{w})\}^2 + \{CV(\bar{s})\}^2$$

で計算される．

d) トラックライン上の発見確率 $g(0)$

通常のライントランセクト法では，先に説明したようにトラックライン上の発見確率は1，すなわちすべての対象が発見されると仮定している．ところが，クジラ類の中にはマッコウクジラや中型のハクジラ類（例えばトックリクジラなど）はかなり長い潜水を行う．マッコウクジラの場合は，1時間近く潜水し，それより小型のミナミトックリクジラではやはり40分近く潜水する．40分なり1時間の潜水中に，調査船は約8浬から12浬（約15〜20 km）進む．これらクジラ類の平均発見距離は，通常1〜3浬（約2〜5 km）であるから，調査船はかなり多くのクジラが潜水中にその上を通過してしまう．ヒゲクジラ類の潜水時間は，1〜5分程度で，潜水による見逃しは多くないと考えられるが，潜水時間の長い上記クジラ類に対するライントランセクト法の適用では，この $g(0)$ の推定が欠かせない．

この $g(0)$ 推定については，IWC科学委員会が南極海のクロミンククジラ調査で並走実験（Parallel Ship Experiment），変速実験（Variable Speed Experiment），独立観察者実験（Independent Observer Experiment）を行いクロミンククジラの $g(0)$ の推定を試みた．並走実験と独立観察者実験は，いずれも2組の観察者グループ（異なる船の観察者あるいは同一船で異なる場所の観察者）がそれぞれ独立（お互いに連絡せず，また一切他の観察者の情報を流さない）に探鯨し，それぞれの発見が同じである数と，違う数から見逃し率（$g(0)$の逆数）を推定しようとするものである．また，変速実験は，速度が0の時には見逃しがなく，速度が速くなるにしたがって $g(0)$ は大きくなることから，特定の海域でいろいろな速度で探鯨し，その推定密度差から $g(0)$ を推定しようとする試みであった．これらの実験は4年間試みられたが，結局，同一発見の判定問題などが解決できずに推定値の合意は得られなかった．

Doi, Kasamatsu and Nakano（1982, 1983）と Kasamatsu and Joyce（1995）は，

目視シミュレーションを使って，この $g(0)$ の推定に挑戦した（図5-4）．開発した目視シミュレーションの構造は，基本的には（1）探索者の探鯨行動の数値化，（2）対象（クジラ）の潜水行動の数値化，そしてそれらをコンピューター上に取

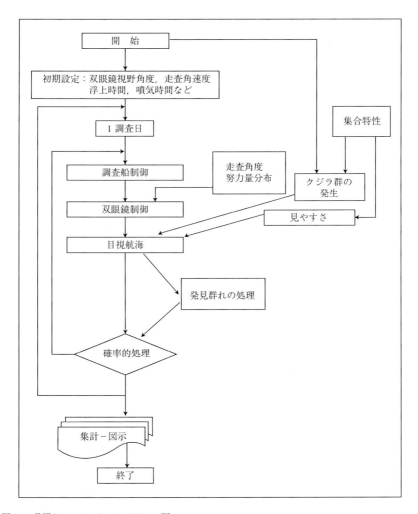

図5-4 目視シミュレーションのフロー図
　　　群れ構造と潜水・浮上パターンを組み入れた対象を発生，調査船の速度，観測者の探索角速度，探索角度別努力量配分を組み入れた探索パターンを稼動させ，視野内に浮上した対象を発見確率に基づき発見か見逃しかを決定．

り込んで，人工的に発生させたクジラが発見されるかされないかを見るものである．

探索者の探索行動は，① 調査船の速度，② 探索者（トップマンと呼ばれる捕鯨船員）の双眼鏡を使っての船首方位からの角度別探索努力量（図5-5），③ 双眼鏡の走査角速度，そして ④ 探索者の数を数値化する．② と ③ は，実際の調査船のマストの上（トップマンの頭の上）に固定式ビデオカメラを設置して計測した値から推定した．また，探索者の直線距離別生理的発見関数（対象を識別し確認できる能力は，遠いほど小さくなることを関数化した確率密度関数，船の近くは100%識別，クジラの種類によって異なる）は，実際の調査におけるそれぞれのクジラ種の好天下での直線距離別累積発見数から推定している．対象となるクジラ類の行動（遊泳速度，潜水時間，浮上頻度，浮上時間）は，長期間にわたる観察から得られた．

シミュレーション：長さ120浬，幅12浬の調査域に無作為にクジラを1,000群発生（x - y 軸で位置を認識）させる．このクジラ（群れ）は決められた潜水時間，浮上頻度と浮上時間にしたがって潜水浮上を繰り返す．調査船は，与えられた速度でこの調査域を走る．調査船上の探索者は（合計3名），それぞれ独立に与えられた探索努力量の配分と速度によって探索する．探索者の視野に，浮上していた対象が入った場合は，識別関数により発見か見逃しか判定される．これを必要な数（およそ調査日数分 − 約100日）繰り返す．最後に，得られた発見の横距離分布を，実際の航海で得られた分布と比較し，有意な違いがあるか

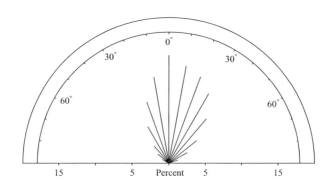

図5-5 探索者の角度別探索努力量配分（双眼鏡走査角速度は2.7度／秒：船の船首方向を多く探索して船の横方向はあまり探索しておらず偏っている）

どうかを検定して，目視シミュレーションの有効性を検定する（図5-6）．このシミュレーションで得られた南極海でのクジラ類のトラックライン上の発見確率$g(0)$の値を表5-1に示した．なお，ハクジラ類に対する$g(0)$推定値は，この報告が最初である．

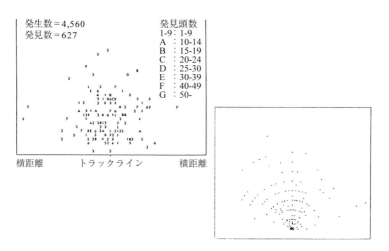

図5-6 目視シミュレーションで得られた対象の発見分布（左上）と実際の航海で得られた発見分布（右下）

表5-1 トラックライン上の発見確率（$g(0)$）（笠松，1993 ; Kasamatsu and Joyce, 1995）

クジラ種	$g(0)$	変動係数
ヒゲクジラ類		
シロナガスクジラ	0.91	0.04
ナガスクジラ	0.96	0.02
ザトウクジラ	0.97	0.02
イワシクジラ	0.89	0.05
クロミンククジラ	0.91	0.07
ハクジラ類		
マッコウクジラ	0.32	0.11
トックリクジラ	0.27	0.04
シャチ	0.96	0.07
ゴンドウクジラ	0.93	0.03

(2) ストリップトランセクト（Strip transect）法

ストリップトランセクト法は，ラインからある一定幅以内のすべての個体は

発見されるという仮定の下での調査と解析である．クオドラート（quadrat）を極めて長く細くした調査法とも言える．この方法では，発見された対象までの距離の情報を取る必要がない．調査員は，距離の情報収集から解放されるが，あらかじめ決められた一定の幅以内の対象は，すべて発見されるという厳しい仮定が保持できるかどうかの検討が必要である．この方法は，一定の幅内の全数調査と同じである．

(3) ポイントトランセクト（Point transect）法

本方法は，ライントランセクト法において距離が0という概念として考える．そして，有効探索幅ではなく有効探索円面積として密度を考える．この方法は，無作為に定められた点に立ち，そこから観察された対象の距離（角度は不要）に関する情報を収集する（図5-7）．陸上生態調査でよく利用されるCircular plot（クオドラートの一種）は，ある半径以内の全数を調査する方法であるが，このポイントトランセクト法では全数調査する必要はない．ただし，調査点のごく近いところは，十分に調査する（ライントランセクト法の $g(0) = 1$ と同じ）必要がある．

密度推定：ポイントトランセクト法による，対象の密度（D）の推定は以下の式で表される．

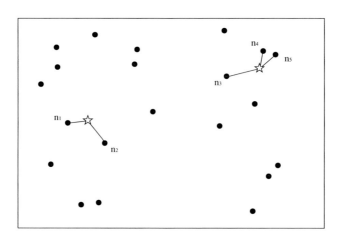

図5-7　ポイントトランセクト法の図式

$$\widehat{D} = n\widehat{h}(0)/2\pi k$$

ここで n は発見数, k は調査点の数, $\widehat{h}(0) = 2\pi/\widehat{v}$ (v は有効探索面積), $\widehat{h}(0)$ はライントランセクト法の $f(0)$ と同じ. ちなみに, Half-normal 発見関数 ($g(r) = \exp(-r^2/2\sigma^2)$) を適用した場合, $h(0) = 1/\sigma^2$.

なお, 推定量の標準誤差は, 以下の式で得られる.

$$\{CV(\widehat{D})\}^2 = \{CV(n)\}^2 + \{CV(\widehat{h}(0))\}^2$$

本方法は, クジラ類にはほとんど適用できないが, 鳥類の観察には, ライントランセクト法より有効であるケースが報告されている. それは, 姿はなかなか見えないが声は聞こえるような鳥の場合, 無作為の点あるいは組織的ライン上での点で静かに立ち止まり, 鳥の声を聞いてカウントするケースである. ただし, 調査点に接近する時に, 対象が逃げてしまうこと, 点から点への移動ロスが大きいこと, 特に密度が低い地域での調査には適さない.

5·1·2 調査のデザイン
(1) 調査プラットホーム
調査船

クジラ類に対する目視調査航海の設計にあたっては, 対象とするクジラ種や分布域に対応して考慮すべき点がある. 広範囲を探索する上で, 有効探索幅が広い方が効率的である. それは, 少ない努力量（調査線の長さ）に対して広い海域がカバーできることによる. 対象とするクジラ種は同じで, 探索者の能力も同じ場合, より高いところから探索する方がより広範囲を探索できる. それ故に, 昔からマストの上の高い位置に見張り所を設置している. ただし, 小型で見づらいクジラ種の場合は, あまり高いマストは近くの場所への探索努力密度が相対的に減少するので適さない. また, 調査でカバーする海域が広い場合は, 何日も連続して調査することになり, それなりの装備を持つ船が必要となる（図5-8）.

航空機

調査の対象種にもよるが航空機の利用は, 単位時間当たりの探索面積という点から効率的である. 沿岸に分布するクジラ種の調査では, 特に欧米を中心と

図5-8 北太平洋・南極海で使用されている捕鯨船型の調査船

して航空機が利用されている．目視調査のためにデザインされた航空機もあり，視界の広さの点で極めて優れているが，通常の場合セスナなどの航空機（図5-9）が用いられる．航空機による調査は，基本的には船による調査と同じである．ただし，航空機の場合，観察者の視野は水平方向ではなく眼下となる．眼下の海面で発見された対象までの角度や距離の推定に関しては，いくつかの方法が提案されているが，窓の外に枠をつけて目印にする方法や，窓それ自体に目盛りをつけて対象までの距離を推定する方法がとられている（図5-10）．また，最近ではGPS（Global Positioning System）の発達により，発見位置や飛行コースの確認が容易になっている．

通常クジラ類の調査では，飛行速度は時速約150 km前後，飛行高度約200 m前後で行われている．ただし，飛行速度と飛行高度は，対象とするクジラ種の見やすさによって決定される．

(2) 調査ライン（トラックライン）のデザイン

実際に調査をする場合，調査できる海域は限られる．効率的に調査する場合に，調査ライン（トラックライン）のデザインは重要である．対象とするクジラ類が無作為あるいは一様に分布していれば，どのようなトラックラインを引こうと，推定値に偏りは生まれない．しかし，クジラ類のほとんどが集中分布するために，トラックラインのデザインと配置には，注意を要する．なお，トラックラインの設計は必ず事前に行い，それにしたがって調査を実施する．

今，南側（下側）に密度が高い海域があり北側（上側）に向かって密度が徐々に減少するという海域があったとする．このような海域におけるトラックライ

図5-9 有明海のスナメリ目視調査に利用された航空機（写真は，白木原国雄博士より）

図5-10 調査機の窓の内に設置された観察記録用ビデオカメラ（写真は白木原国雄博士より）

ンの配置例を図5-11に示した．トラックラインの配置では，得られる密度データに偏りがなく，またその分散をできるだけ小さくすることを考慮する必要がある．図で，aは調査の開始地点・方向・長さをまったくランダムに設定した場合で理想的な設定．ただし実際には次の調査開始点までの移動ロスが大きく経費と時間がかかり現実的ではない．bでは少し現実的に改良した設定で，等密度域を直角に横切るラインを考えてその開始地点を境界上でランダムに決定した例．この例は沿岸域における航空機による目視調査に適用されている．cはbか

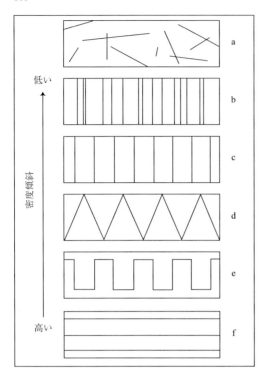

図 5-11 トラックライン設定の例．矢印の方向に密度の傾度がある（Hammond, 1986a を改編）
　a：完全無作為な配置
　b：等密度域を直角に横切るラインをランダムに設定
　c：等密度域を直角に横切る規則的ライン
　d：等密度域を横切るジグザグ状の規則的配置
　e：等密度域を横切るラインと等密度域に沿うラインの組み合わせ（いわゆる格子状）
　f：すべて等密度域に沿うラインを規則的に配置

ら開始地点のランダム性を除いた例で等密度域を直角に横切るラインを等間隔に配置したケース（前のトラックラインと後のトラックライン間の境界線上の移動中は調査を行わない）．d は c におけるトラックライン間の移動ロスをなくしジグザグの形をとった場合（現在南極海でのミンククジラ調査に適用されている），最後の 2 つの e と f は，等密度域に沿ったラインであるために，特定の密度域に偏ったサンプリングとなっており，明らかに偏りが生じる，これらの配置は避けなければならない．

目視調査におけるトラックラインの設定とともに，重要な点は調査海域の層化である．これは，特に推定精度を上げるために重要な点である．同じような密度の海域をそれぞれ区分け（層化，stratification）することによって，選ばれたそれぞれの層内での密度推定のバラツキが少なくなる（すなわち，誤差が小さくなる）．

5・1・3　実際の目視調査
（1）トラックラインの配置
ここでは，現在南極海で行われている日本の JARPA 計画で採用した調査コー

スを紹介する．図 5-12 は，著者が調査団長として参加した 1990/91 年の JARPA 航海で採用したトラックラインの図である．基本的デザインは，図 5-11 の d を採用した．ただし境界上の最初の開始地点をランダムに設定する方法が採用された．調査海域は北側海域と南側海域の 2 つに層化された．これは，パックアイスに近い南側の密度が高いことがすでに知られているからである．これらの方法は，調査海域内のどの個体（あるいは群れ）も同じように発見される（調査船が対象に遭遇する）確率を保証している．

図 5-13 は，九州有明海と橘湾におけるスナメリの目視調査で採用された航空機によるトラックラインである．トラックラインは，利用できる飛行時間に基づきほぼ等間隔に引かれている．図 5-11 の f に該当するが，スナメリの分布において密度勾配が南北にないので，密度推定に偏りを生じることはない．

(2) 生物学的試料採取を伴うサンプリング（2段サンプリング）

日本の南極海における調査（JARPA）では，調査海域内に分布するミンククジラを代表する個体のサンプルを得るために，遠洋域の野生動物に対しては歴史上例を見ないユニークなサンプリングが行われている（Kato *et al.*, 1990；

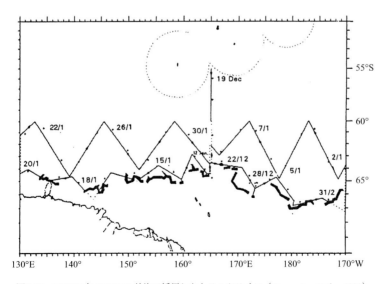

図 5-12　1990/91 年の JARPA 航海で採用したトラックライン（Kasamatsu *et al.*, 1993）

Kasamatsu et al., 1990；Kishino et al., 1991). その最初のものは，前述したトラックラインの配置であり，この方法により調査海域内のどの群れ（個体）も同じようにサンプリングされる確率が保証されている．これは，現在 IWC 科学委員会が採用している南極海におけるミンククジラ資源量推定航海のトラックラインの配置よりランダム性を強くした方法である．

南極海のミンククジラは通常群れで分布している．そのため，発見は通常群れ単位で行われる．この JARPA 計画では群れを第一次抽出，個体を第二次抽出として2段サンプリングが行われている．群れの抽出では，探索努力中に発見された群れはすべてサンプルとされ捕獲対象とされる．発見された群れからの個

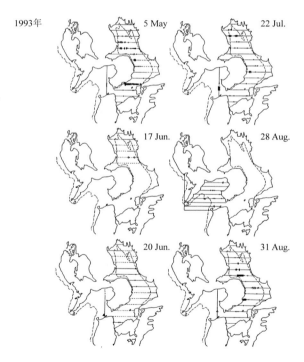

図5-13 有明海で採用されたトラックライン（Yoshida et al., 1998）
　　　●はスナメリの発見位置，実線は飛行機の調査線，調査線部の破線は風力3以上の水域，そして破線は水深5mと30mの深度線を示す．

体の抽出では，群れの中から乱数表を用いて無作為に捕獲した．これらのユニークなサンプリングによって得られた個体の年齢分布は，商業捕鯨時代のものと大きく異なり若年層が多いという結果を示し，JARPAのサンプリングがかなり自然条件下のクロミンククジラの分布（生物学的特性値）を記述していることが示唆されている（図5-14）．なお，2段サンプリングを含め標本調査の基本と応用に関しては，岸野（1999）が参考になる．

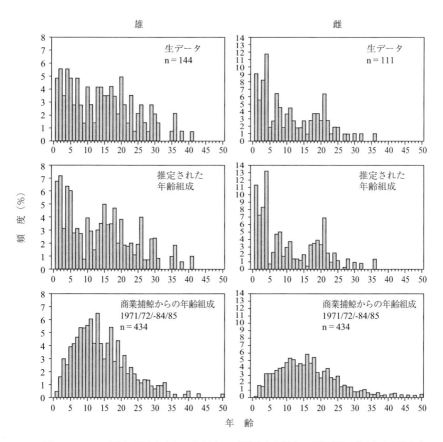

図5-14 JARPA計画で得られたミンククジラの年齢分布と過去の商業捕鯨で得られた年齢分布 上段と中段がJARPA，下段が商業捕鯨（Kato et al., 1990）．

5・2　標識再捕法

5・2・1　資源量推定（Petersen 型推定）

最も基本的な標識再捕法の理論を説明する．閉鎖的な個体群（加入も消失もない）に，今 N 頭が分布している．そのうち S 個体に標識を付けたとする．標識を付けた個体が N 頭の中でよく混ざり合う時間をおいて，N 頭から n 個体を捕獲したところ，その中に m 個体の標識鯨が含まれていた．標識したクジラがよく混ざり合い，標識クジラは N 個体全体を代表している（標本）とすると，m/S は n/N を代表している．したがって，$m/S = n/N$，$N = nS/m$ となる．

クジラ類には，この Petersen estimate を修正した Chapman（1951）の次の式が利用されている．

$$\widehat{N} = \frac{(n_1+1)(n_2+1)}{m_2+1} - 1$$

ここで，$\widehat{N}$ は推定資源量，n_1 は標識したクジラの数，n_2 は捕獲数，そして m_2 は捕獲したクジラの中に見出された再捕数である．ここで，推定値の分散 $\mathrm{Var}(\widehat{N})$ は Seber（1982）により次の式で与えられている．

$$\mathrm{Var}(\widehat{N}) = \frac{(n_1+1)(n_2+1)(n_1-m)(n_2-m)}{(m_2+1)^2(m_2+2)}$$

ここでは，比較的単純な方法を説明したが，さまざまな標識再捕法および数理的な方法に関しては，Seber（1982），Hammond（1986b），Buckland and Duff（1989）を参照されたい．

5・2・2　クジラ類への適用
(1) 人工標識

南半球では，1978 年から約 6 年間クロミンククジラ資源に対して大規模で組織的な標識調査が行われた．これは，従来の大型クジラ類への標識調査とは規模と科学的アプローチの面でまったく異なるものであった．さらに，標識調査に呼応して，標識が終了後に捕鯨船団による捕獲が行われた．クロミンククジラへの標識調査は，人工標識（他に体の特徴などの自然標識がある）である「.410（ポイント 410，図 5-15）銛」をクロミンククジラの背中筋肉部に

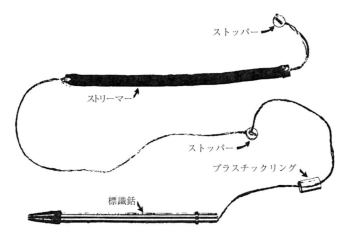

図5-15 クロミンククジラへ使用された.410標識銛（ストリーマー付）（Kasamatsu et al., 1986；銛の全長は15 cm，ステンレス製，発射直前に消毒）

銃で打ち込むことからはじまる．そして，捕獲クジラの解剖あるいは製品中（金属探知機による）に標識銛を見つけ出す．

1978/79年南極海の東経70度から130度（IWC管理海区第IV区）における標識調査とその調査後に捕鯨船団による捕獲と再捕の結果を表5-2に示した．総標識個体数は，700頭に及び，標識調査後の捕獲数約950頭，そして標識再捕は5頭という結果であった．

(2) 自然標識 (Natural Marking-Photo-Identification)

写真による個体識別から上記の標識再捕法により個体数の推定がなされている．Whitehead (1982) は，Petersen法により北大西洋のザトウクジラの個体数を推定している．彼は，1980年冬西インド諸島のSilver Bankにおいて74頭のザトウクジラの尾ビレを確認し，これらと1978～79年 Gulf of Maine と Newfoundland / Labrador 水域で確認したものとを比較して，表5-3の結果を示している．

5·2·3 クジラに対する標識再捕法の問題点

クロミンククジラに対する標識調査は，精力的に行われたが，結局標識再捕による資源量推定は受け入れられなかった．その理由を下記に示した．

表 5-2 標識調査と標識再捕による資源量推定（Best and Butterworth, 1980）

	東経 70 ～ 100 度		東経 100 ～ 130 度	
第 16 利丸標識頭数 n_1	156	156	98	98
第 18 利丸標識頭数 $n_{1,1}$	109	—	362	—
第 18 利丸標識頭数 $n_{1,2}$（補正）	—	80	—	267
総標識頭数	265	236	460	365
実標識頭数（標識による死亡率 5%）	252	224	437	347
捕獲頭数 n_2	568	568	392	392
再捕数 m_2	1	1	4	4
推定資源量 N	71,978	64,012	34,426	27,352
標準偏差 SD	± 41,319	± 36,728	± 13,885	± 11,015

表 5-3 北西大西洋ザトウクジラ資源の Petersen 推定値（Whitehead, 1982）

冬期サンプル	夏期サンプル	推定値	95%信頼限界	偏り*
1980 Silver Bank	1978	3,360	1,820 ～ 21,874	+ 0.15
1980 Silver Bank	1979	3,071	1,948 ～ 7,250	+ 0.05
1980 Silver Bank	1978 + 1979	3,145	2,137 ～ 5,953	+ 0.10

* 偏りは自然死亡による possible maximum biases

① 命中の判定が不確実
② 標識銛による死亡率が不明
③ 標識銛の脱落率が不明
④ 少ない再捕による低い信頼度

命中の判定に関しては，2名の判定者による判定が行われ，原則として2名ともに命中と判定されたものを採用していた．また，標識調査の途中からストリーマー付標識銛（図 5-15）を採用し，より判定しやすい方法もとられた．さらに，ビデオによる判定ミスの調査も行われたが，結局標識調査に対する不信はぬぐえなかった．

②の標識銛による死亡に関しては，母船上でクロミンククジラの捕獲個体に調査で使われている同じ銛を，通常発射する距離から実射し（図 5-16），銛が鯨体中へどれくらい入ってしまうのか，銛が体内でどのような経路で突き進むのかが調べられた．通常の場合は，表皮の下 30 cm 以内までの筋肉中にとどまっているが，中には脊椎骨近くまで達している個体もあり，標識による死亡が特別なケースでは生じる可能性が明らかとなった．これらの調査結果を考慮して，実際の推定には死亡率が 5%程度考慮されている．

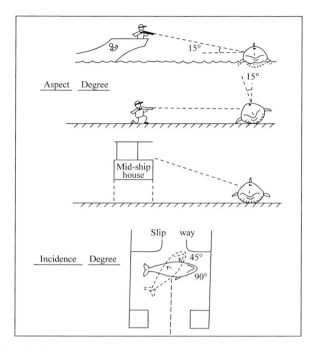

図5-16 .410標識銛（ストリーマー付）の実射調査（Kasamatsu *et al.*, 1986）の模式図
実際の洋上での調査と同じ状況を設定し，母船デッキ上で様々な角度と距離から標識銛を実射し，鯨体中への貫入度（体表面からの距離）の記録をとった．

③の標識銛の脱落率など（mark shedding）が最も問題となった．それは実験で確認することが困難であり，また過去の知見もほとんどなかったことによる．IWCでは，特にこの脱落率の推定問題が解決されず，また標識回収が0あるいは1頭といった低い再捕率による推定値の低い精度が問題となった．IWCでは1979年からクロミンククジラの標識再捕に関して激しい議論とそれに呼応したさまざまな追加調査が行われたが，結局資源量推定値は受け入れられなかった．

自然標識に関しても同様の問題が指摘されている（Hammond, 1986b）．すべての個体が同じ確率で写真により識別（marking）されるのか（heterogeneity of capture probability）が特に重要な問題とされている．個体によって尾ビレなどを出しやすいものと出しにくいものがある場合，また，写真の選定（画像がボケているから外し，鮮明だからデータに入れるといったケース）に関しても，か

なり厳密で一貫した取り扱いを決めておかないと，選定の段階でも偏りが生じる可能性がある．受け入れられる画像精度をあらかじめ決めておくべきである．

5・3 生体組織標本採取法（バイオプシーサンプリング）

　資源量推定とは関連しないが，野外調査法の一つとして生体組織標本採取法が1980年代に入り急速に発展した．第3章のDNAによる系群構造解析の所で述べたが，個体数が少ないなど捕獲による調査や座礁個体からの試料採取が困難なクジラ類に関しては，バイオプシーサンプリングからの試料が利用されはじめている．

　著者らは，従来採用されていたクロスボーシステムを南極海での調査でテストしてみたが，風波が大きい外洋域で比較的大型の船でかつ高速で追尾しなければならない調査では，たとえ最強のクロスボー（230ポンド，サンダーボルト）を使っても効果が小さいことがわかった．そこで，新しいシステムを構築するために多様な方法を検討したが，日本では火薬や銃の取り扱いが厳しく外国で開発されたライフル形式の方法などはことごとく断念せざるをえなかった．そこで，船でモヤイ（係留ロープ）を遠方に飛ばすために考えられた空気銃式の舫銃を参考に，ミロク精機（株）の岩田工場長の全面的な協力を得て，図5-17と5-18のシステムを1990年夏に完成させた．

　この新しいシステムは，著者と斉野重夫君により1990年11月に和歌山県太地町でゴンドウクジラ（追い込み漁で小さな湾に追い込まれたコビレゴンドウ）に対してテストされた．距離約10～20mから実射し，長さ50～60mm，直径9～10mm，重さ2～3gの組織（皮と皮の下の脂肪）が採取され，テストは有効性を実証した．

　その後本システムは，南大洋，インド洋，北太平洋，そしてアイスランドにより北大西洋で使用され，現在すでにシロナガスクジラ，ザトウクジラ，セミクジラ，クロミンククジラなどから200以上の生体試料が入手されている．

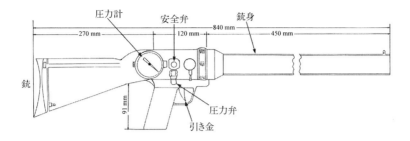

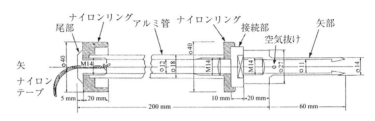

図 5-17 開発されたバイオプシーサンプリングシステム（空気銃式）（Kasamatsu *et al.*, 1991 より）
上が発射装置，下が生体組織標本採取矢．

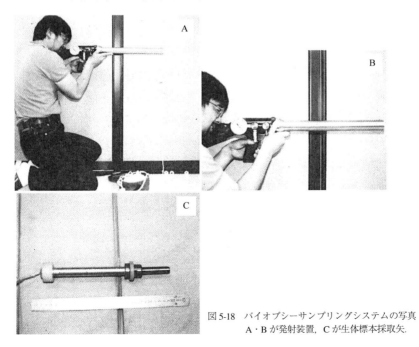

図 5-18 バイオプシーサンプリングシステムの写真
A・B が発射装置，C が生体標本採取矢．

第6章　資源管理と捕鯨

6·1　資源管理

6·1·1　BWU（Blue Whale Unit 管理）

捕鯨の取り締まりのための条約は1937年の国際捕鯨協定にはじまるが，この協定では，3ヵ月の操業期間と捕鯨船の数の制限に限られていた．その後，1946年に起草された国際捕鯨取締条約では，1937年の捕鯨協定に比べて，管理面で大きく前進したが，いくつかの致命的な欠点を持っていた．第1に科学的示唆にもかかわらず，委員会は鯨種別捕獲枠の設定をせずに，シロナガスクジラ換算頭数（Blue whale unit，BWU）制を用いることに合意したことである．これは，主要鯨類の捕獲割り当て量を鯨油の生産量の比率（シロナガスクジラ1頭＝ナガスクジラ2頭＝ザトウクジラ2.5頭＝イワシクジラ6頭）で換算する制度であった．この決定は，その後のシロナガスクジラの個体数減少の運命に道を付けた．

6·1·2　新管理方式

転換点は1971年にあった．それは，国際監視員制度の受け入れ，そして1972年以後の鯨種別捕獲割り当て制の適用である．1975年に国際捕鯨委員会は，新管理方式を導入した．この方式は，資源を最大持続生産量（Maximum Sustainable Yield，MSY）の水準を維持しながら捕鯨を行うことを目的として構成されていた．この方式では，鯨類資源を3つに分類し，それぞれ別の方法で管理するというものであった．

第1番目の分類は，保護資源（Protection Stock，PS）である．現在の資源水準が，最大持続生産量（MSY）を与える資源水準（MSYL）の90％以下であると判定された個体群は保護資源とされ，捕獲は禁止される．第2の分類は，維持管理資源（Sustained Management Stock，SMS）である．現在の資源水準についての最良の推定値（現存量かCPUEなどによる相対資源水準）が，MSYLの

90％から120％の間にある個体群で，捕獲枠が割り当てられる．そして第3の分類が，初期管理資源であり現在資源量（あるいは資源レベル）がMSYLの120％以上と推定された個体群が分類され，MSYの90％の捕獲頭数が割り当てられる．図6-1から明らかなように，捕獲限度を算出するにはMSYL，MSYおよび現在資源量の3つの値が必要である．過去のCPUEの変化傾向などから資源の再生産モデルが推定されているときは，これらの3つの情報を入手することができる．しかし，ほとんど捕獲がなされていない資源については，現在資源量以外の情報がなく，この適用が困難であった．

この管理方式は，実効上次のように運用された．クジラの年齢・成熟年齢や妊娠率のデータから加入率，自然死亡率を推定し，生産モデル（Production Model，Pella-Tomlinson モデル）と捕獲統計を用いて初期資源水準から資源の変化を計算する．この変化は，初期資源水準によって異なるが，初期資源水準をいろいろ変えながら，ある年の推定された資源量（あるいは資源水準）の値に合うか，あるいは近年の資源の変化傾向（主にCPUE）に合うかによって，初期資源量を推定する．なお，MSYLは0.6（すなわち，資源が開発以前の水準の約6割の時に最大の生産がある）と想定し，加入率と自然死亡率からMSYを計算した．

新管理方式の導入によってナガスクジラ，イワシクジラなどの枯渇の激しかった鯨種が禁漁となると，その当時開発されはじめたばかりの，南半球のクロミンククジラや北太平洋のニタリクジラ，そしてヒゲクジラと異なる生態を有するマッコウクジラに対する管理が残され，これらの資源診断と新管理方式の適用においてさまざまな問題が提起された．

南半球のクロミンククジラは，開発がはじまる以前から，それまで南極海の空

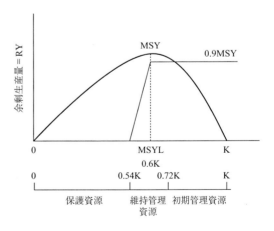

図6-1　新管理方式による資源分類と余剰生産モデル
　　　　図中の直線は捕獲数決定法式を示す．

間と餌資源をほぼ占有していたシロナガスクジラ，ナガスクジラやザトウクジラといった大型クジラ資源の捕獲による減少にともない，資源が増大していたと考えられた．それは，性成熟年齢が1940年頃の年級群と比べてその後の年級群では年々低下している（すなわち，繁殖力が増大していた）ことが示唆されたためである（図6-2；Masaki, 1979；Kato, 1987；Sakuramoto and Tanaka, 1985）．新管理方式の適用にあたっては初期資源量を決める必要があるが，資源が増大していたとなると，初期資源量をどのように定義して決定するかが問題となった．結局，初期資源水準は決められず，置換量（資源を増減させない量，Replacement Yield，RY）で捕獲量を決定した．

一方，マッコウクジラの解析では，年齢データが十分ではなかったために，体長組成によって行われた．原理的には体長組成が成長曲線によって年齢組成に変換されるわけであるが，その解析結果は，適用した成長曲線に非常に敏感

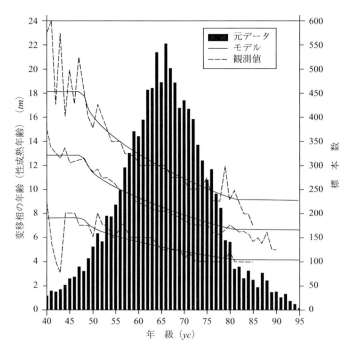

図6-2 南半球クロミンククジラの平均性成熟年齢の経年変化（図中では変移相の年齢（性成熟年齢），
  tm，95％上限と下限値）（Thomson *et al.*, 1999）

であった．具体的には，年齢査定に基づいて求められた年齢－体長検索表（Age-length Key）を用いると，資源はそれほど減少していないという結果が出る一方，Bertalanfyの成長式を適用すると保護資源に分類されてしまうこととなり，成長曲線をめぐって激しい議論が展開され，捕獲個体から得られたAge-length Keyは，大型個体への選択的捕獲のためにすでに歪んでいるという批判が強く出された．

6・1・3　大型クジラ類の資源管理で提起された問題と課題

　新管理方式に係わる諸問題から派生した鯨資源管理のさまざまな問題は，1984年のIWC科学委員会で指摘され，それらは次の点であった．
・自然死亡率の推定は，自然死亡が年齢依存の場合には困難である．
・MSYでの資源増加率を従来のナガスクジラの値から類推（4％）されているが，このように高い率では，親の数が減ると仔の数が逆に増加するという状態を認めることになり妥当とは言えない．1％より低い可能性もある．
・MSYLが60％という科学的根拠はない．他の大型哺乳動物の例では，最近80％くらいと見られている．
・CPUEについては，それまで努力量評価の改善が見られたが，操業パターンや能力の限界などさまざまな問題があり，資源量の指標とする値は得られない．
・耳垢栓に見られた成熟年齢の低下は見かけ上のものにすぎず，年齢の読みの誤差，早熟の雌は若いうちから捕獲されるので成熟の遅いクジラが高齢まで生き残ることと仮定すると人工的な低下と考えられる．
・コホート解析で推定された加入量の増加は年齢依存の自然死亡のためであり，捕鯨開始前に資源が増加していたという確証はない．
・標識－再捕調査およびそのデータは，標識時の判定（命中かどうか）があいまいであり正確な標識数が不確実であり，また経年的再捕データから示唆される標識脱落の可能性を無視できず，標識による資源量推定は信頼できない．

　1982年の商業捕鯨のモラトリアム前後を含め，これら新管理方式を支える基礎的問題の不確実性に対する議論は延々と続いたが，新管理法式の限界は明らかであった．このような現実の下で，IWCでは限られた科学的情報の下でも，頑健で機能しやすい管理方式の開発に，研究者の関心が移行するとともに，先に指摘された不確実な科学情報（特に自然死亡率）を補強するための捕獲調査（JARPA）へと移った．

6・1・4　改定管理方式

IWC はモラトリアムの採択にあたって，捕鯨再開の可能性を探るために各クジラ資源の包括的評価（CA）を行うことを決めた．IWC 科学委員会は，この CA の中で新しい管理方式を検討することを決めた．1987 年からはじまったこの作業は，日本の桜本和美（東京水産大学資源管理学科）・田中昌一（前東京水産大学学長）両博士を含む 5 つのグループがそれぞれ独自のモデルを提唱した．

各モデルの振る舞いと性能評価にあたって，科学委員会は次の 3 点を挙げた．
(1) 捕獲によって資源の絶滅の可能性を大きく増大させないこと
(2) 資源からの最高の持続的生産が上げられること
(3) 捕獲限度頭数が年々で大きく変動しないこと

これらの目標に合わせて 5 種の統計量が検討された．それらは，① 100 年間の総捕獲頭数，② 100 年目の最終資源量，③ 100 年間の中の最低資源量，④ 毎年の捕獲頭数あるいは SY（持続的生産量）のうちの小さい方の値の 10 年間の平均，持続的捕獲頭数，そして ⑤ 平均年間捕獲頭数の変動であった．これらのうち，② と ③ は評価の (1) に，① と ④ は (2) に，そして ⑤ が (3) の評価に対応する．

なお，これらの評価にあたっては，以下のような極めて厳しい仮定の下での，安全性のテストがなされた；
・資源量推定の偏りが 0.5 と 1.5 の場合（すなわち 50 ％ 過大あるいは過小推定）
・管理開始時点の資源量水準が初期資源水準の 5 ％ であった場合
・過去の捕獲頭数統計が 50 ％ 過小報告されていた場合
・ある年に突然 20 ％ の確率で資源の半数が死滅することが起きる場合
・100 年間の間に環境容量が 2 倍または半分に変化する場合
・MSYR が 33 年周期で 4 ％ と 1 ％ の間を往復するような変動をする場合
・資源量推定が 1 回しか行われなかった場合（または 10 年毎に行われた場合）

など．これらのテストに合格しなければならないことから，IWC の新しい管理方式が野生動物を対象としたものとしてはもっとも厳しい管理方式であるとされる所以である．

科学委員会は，過去の教訓から (1) の評価に最大の重点を置き，特に MSYR が 1 ％ という極めて低い繁殖力という仮定でも安全性が高く，持続的生産量においても悪くないとして，J. Cooke 博士のモデルを採用することを決定した．

6・2 捕　　鯨

6・2・1 商業捕鯨の捕鯨方法

ここでは，20世紀最後の商業捕鯨がどのように行われていたかを見てみる．そして，その商業捕鯨から得られるデータ，特に資源管理に使われていた資源量指数の一つであるCPUEに関連する事柄を中心に記す．

(1) 母船式捕鯨

ここでは，著者が参加した第31次南氷洋第3日新丸船団（1976/77年）の操業の概要を示す．第31次南氷洋第3日新丸船団は，母船1隻，冷凍船1隻，捕鯨船10隻（操業船9隻，探鯨船1隻）からなる（表6-1）．捕鯨船は母船出港前に出港し，漁場調査を行う．この年は，南半球ニタリクジラの特別調査があり，母船より速い捕鯨船は出港後，スンダ海峡とロンボック海峡通過後インド洋東部で目視調査を実施した．ニタリクジラの目視調査を終了した各捕鯨船は，夜走りで南下し，前期クロミンククジラ漁のための操業開始前調査を行った．速力の遅い母船が4日後に到着し前期クロミンククジラ漁が開始された．12月3日に872頭を捕獲して前期クロミンククジラ漁を終了し，中緯度のイワシクジ

表6-1　第31次南氷洋捕鯨第3日新丸船団編成

船　種	船　名	総トン数	主機馬力	乗組員数	出　港	入　港
母　船	第3日新丸	22,814.74	6,750	363	10.23	4.13
冷凍船	野島丸	7,975.18	6,250	200	10.12	3.24
捕鯨船	第11利丸	740.37	3,500	23	10.23	4.8
	第17利丸	757.69	3,500	23	10.23	4.8
	第18利丸	758.33	3,500	23	10.25	4.8
	第25利丸	739.92	3,600	23	10.23	4.8
	第1京丸	812.08	5,000	20	10.23	4.11
	第10京丸	696.00	3,500	23	10.25	4.9
	第11京丸	696.27	3,500	23	10.23	4.9
	第27京丸	729.55	3,600	23	10.23	4.8
	第17関丸	641.37	3,000	23	10.23	4.9
調査船	第12利丸	647.31	3,000	20	10.23	3.17
運搬船	極星丸	13,889.79	7,600	52	10.23	1.2
	仁洋丸	9,024.25	5,000	54	10.23	1.2
	姫洋丸	2,015.70	4,500	25	10.23	2.4
	凌洋丸	2,604.95	4,500	23	10.23	2.27

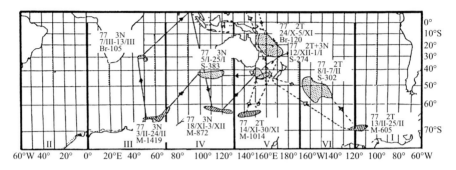

図6-3　南半球における捕鯨船団の操業水域（1976 / 77 漁期）（Shimadzu and Kasamatsu, 1981）

ラ漁場へ向かった（図6-3）．

　前期クロミンククジラ操業には，捕鯨船の第1京丸と調査船の第12利丸は参加せず，イワシクジラ漁場の調査にあたった．さらに，操業開始前に，船団は可能な限り好漁場を捕捉するために，残りの捕鯨船全船を先行させて幅広く探索させた．通常，クジラの事前調査では，従来捕獲実績のあった海域を中心に経度方向10～20度と緯度方向に2～5度くらいの範囲の海域を緯度約1/2度（30浬，約50km）にそれぞれ1隻を配置して東あるいは西方向に軽くジグザグ探索させる．発見があった海域では，探索船は発見が伸びる方向を探りながらより念入りに探索する．まったく事前情報がない新しい海域では，探索海域をより幅広くとる．そうして，予定した漁場でのクジラの分布範囲，集中海域とある程度の密度に関する情報を得ておく．これらの情報から，操業開始地点と操業方向を決定する．なお，この操業開始前の探索努力は通常CPUEの推定には入ってこない．

　操業は，編隊式であらかじめ発見された高密度地点を編隊の中心におき通常南北方向に8～10マイル（対象鯨種や天候によってこの捕鯨船間の間隔は変わる．通常大型のナガスクジラなどの場合は広く，クロミンククジラのような小型のクジラ類の場合は狭くする）程度の間隔で展開して探索する（図6-4）．探索速度は，天候が良い場合や大型クジラが対象の場合は速く（15浬），天候が悪いあるいは小型クジラが対象の場合は遅くする（10～12浬）．通常探索は日の出から日没までであるが，追尾に入った場合は夜間でも照明をつけて追尾する場合もある（特にマッコウクジラ漁，鯨探機を使用している場合）．

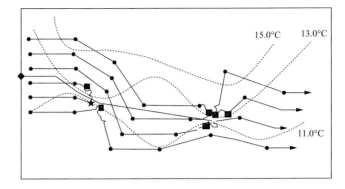

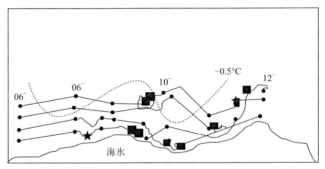

図6-4 捕鯨船団による操業の様子（上段：大型クジラ類－中緯度，下段：クロミンククジラ－海氷縁際）
日の出後30分後から探鯨を開始，1時間毎に位置と水温を母船に連絡，水温が収斂する水域を目指し基準コースを決める．ある船に発見があるとその他の船はその船に寄せるコースをとる．続いて発見がある場合，各船集結するが，少ない場合はもとのコースに戻る．母船は各船の捕獲状況に基づいて効率的に捕獲クジラを受け取れるように行動する．

　密度が低く，発見したクジラのほとんどが獲り尽くされた場合は，別の海域に移動するが，発見したうちの一部しか捕獲していない場合は翌日も同じ海域で操業する．同じ漁場での連日の操業は，あらかじめそこにクジラが居ることがわかっている探索・操業となる（明らかにランダムなサンプリングではなく特にCPUEの偏りが激しい）．操業している漁場で好漁が続いている場合でも，捕獲作業を通常より少ない捕鯨船にまかせて，残りの捕鯨船を次の漁場探索のため四方に走らせる．船団操業では，資源密度が減少し漁場が少なくなればなるほど，たえず1隻あるいは2隻といった少ない数の船を探鯨船として，過去の実績などを参考にして幅広く探索して漁場を捕捉する．

イワシクジラの捕獲を完了すると同時に，次のクロミンククジラ漁に備えて捕鯨船全船を夜走りで漁場となる南極海の氷縁に派遣して漁場を探索させた．捕鯨船を手分けして操業予定の海区のほぼ全域を探索し，クロミンククジラの密度を把握する．イワシクジラ漁を終えた母船は，探索船の情報を基に，もっとも密度の高い海域へ直行して操業を開始する．行き当たりばったりの操業はほとんど行われない（CPUEの基本的考え方は行き当たりばったりの操業を仮定している）．

このように，船団操業では，船団本体の無駄な探索（操業日数）を可能な限り少なくするために，これまでの捕獲実績（季節，海域，天候，海洋条件など）と探鯨船の情報をフルに活用して操業している．

(2) 沿岸小型捕鯨

ここでは，著者が体験した日本沿岸の小型捕鯨操業のツチクジラ漁（房総沖），ゴンドウクジラ漁（三陸沖）とミンククジラ漁（オホーツク海）の様子を紹介する（表6-2）．

ツチクジラ漁

外房捕鯨所属の2隻の小型捕鯨船（約50トン，50 mm 捕鯨砲）は未明に基地を出港（図6-5）．前日の探索あるいは捕獲位置などを参考に砲手が最初の操業海域を決定し，その地点へ向かう．これまでに，操業の歴史から本種は水深1,000 mから3,000 mの海域に出現することが知られているので，その深度ラインの南から北へ北上（あるいは南へ南下）しながら探索する．操業にあたっては，前日あるいはその数日前からの，当該海域で操業している他の漁船（捕鯨船ではない）からのクジラの目視情報を可能な限り入手しておくことが重要とされて

表6-2　日本沿岸小型捕鯨の概要（1998年現在）

クジラ種	捕獲枠	主な根拠地	小型捕鯨船	漁　期
ツチクジラ	54	和田浦・鮎川・網走	第28大勝丸・第75幸栄丸 第31純友丸・第7勝丸	7/1 〜 11/30
マゴンドウ	50	太地・和田浦	第31純友丸・第7勝丸 正和丸	5/1 〜 9/30
タッパナガ	50	鮎　川	第28大勝丸・第75幸栄丸	10/1 〜 11/30
ハナゴンドウ	20	太　地	第31純友丸・第7勝丸 正和丸	5/1 〜 9/30

図6-5　日本沿岸で操業している小型捕鯨船
ツチクジラを捕獲後母港へ寄港したところ．

いる．操業当日も，他の漁船と連絡する場合がある．また，多くの漁船から発見報告が寄せられることもある．同一会社の2隻が適当な間隔をとって探鯨する．距離は2～3浬程度．漁場は大島沖，房総沖，常磐沖のほぼ3ヵ所で，その年により漁場の偏りがある．どこの沖に集中するか，あらゆる情報を使って捕捉する．なお，他の漁船からの情報はCPUEの努力量に加算できない．捕獲されたクジラは船側に繋がれ，母船に曳かれ，翌日解体場で解体される．

ゴンドウクジラ漁

　宮城県牡鹿町鮎川港を未明に出航した捕鯨船は，金華山を右に見ながら女川沖を経て北上し，江ノ島から大洲崎にかけての実績漁場に向かった．当該海域におけるゴンドウ漁の対象は，コビレゴンドウの北方型のタッパナガである．操業は，ツチクジラ漁と基本的には同じである．ただし，群れにあたる確率は少ないことと，群れ内の個体数が多いことから，会社が異なっても操業船がお互いに協力して操業している．一般に，一つの群れが発見された海域ではその周りに別の群れがいる可能性が高い．1隻の発見情報により他の船がその発見海域に急行するが，おうおうにしてその近くでまた発見がある．群れの中の比較的大型の個体から最初に狙う．捕獲された個体は次々に浮きを付けて浮かされ，次の個体へと向かう．捕獲され集鯨されたクジラは，港に曳かれ陸上の解体場で処理される．

ミンククジラ漁

基地を出港した小型捕鯨船（ミンククジラ漁の場合は会社毎にそれぞれ単独に操業海域を決めて出港する）は，従来の捕鯨場（本種の場合はイカナゴやツノナシオキアミなど餌生物が比較的集中する海域，常磐三陸の場合は仙台湾，オホーツクの場合は北見北大和碓周辺）を中心として海域をまず探索する．状況に応じて他の漁船にクジラの発見情報を教えてもらう（事前に出現状況を港にいる間に常に収集する）．ミンククジラの追尾は，上記2つの操業とは少し異なる．1970年代後半から追尾にモーターボートが使用されはじめた．発見すると，直ちにボートを降ろし発見位置付近を高速で走りまわる．通常，その音に驚いてミンククジラは飛び出して走りはじめる．ボートはそのクジラの前後左右を走り回ると同時に捕鯨船を誘導して，捕鯨船が捕獲する．通常，発見があった場合は他の船にも連絡する．近くに別のクジラがいる場合が多いからである．時には，1頭を2隻の捕鯨船で共同追尾する場合もある．

このモーターボートの使用により，発見したクジラを獲り逃すことが少なくなった．これは，仮にCPUEの分子に捕獲頭数を使った場合には，見かけ上CPUEは上昇し，結果的に資源の減少が過小評価される危険が指摘された．現実には，モーターボート使用船には努力量補正が行われたが，その補正は受け入れられなかった．日帰り操業が基本であるが，場合によっては母港以外の港で夜を過ごし，翌日再操業をすることもある．捕獲されたクジラは，捕鯨船の船尾の解体場で解体され，鯨肉は氷詰され最寄の港に運ばれる．

なお，小型捕鯨およびイルカ漁業の対象とされているツチクジラ，ゴンドウクジラおよびイルカ類に関しては本書ではとんど扱わなかったが，これらに関する調査研究は，木白俊哉・岩崎俊秀・大泉 宏（遠洋水産研究所），天野雅男（東京大学海洋研究所），吉田英可・大谷誠司（日本鯨類研究所）らにより精力的に行われ，数多くの報告が出されている．また小型クジラ類の認知・情報処理（村山 司，東海大学），音響・交信（赤松友成，水産工学研究所），繁殖生理・ホルモン（吉岡 基，三重大学）の分野でも数多くの情報が発信されている．

6・2・2　捕鯨操業とCPUE

クジラ資源管理で過去に重要な役割を果たしてきたのはCPUEであった．クジラは漁場内に一様，あるいはランダムには分布していない．伝統的な漁獲モデル（Russellのモデルなど）では一般に対象となる生物（魚やクジラ）は漁場

内に一様に分布していると仮定している．そしてこの仮定の上に立って，努力量と漁獲量の関係，努力量当たりの漁獲量を資源量指数として考えた．実際の自然環境下では対象とする生物はほとんど一様，あるいはランダムに分布していない．その場合でも努力量が一様，あるいはランダムに分布しているのであれば問題はないが，ほとんどの場合，努力量はある特定の海域に集中し，一様あるいはランダムには分布していない．この場合は，CPUE は資源の平均密度を与えない．努力量が密度の高い海域へ集中していれば CPUE は過大となり，資源の枯渇を見逃す危険がある．すなわち，CPUE の基本的な考え方を支える「資源が少なくなれば単位当たりの努力量が多くなり，結果として CPUE は小さくなる」という仮定が崩れる．

　前述したように，実際の捕鯨操業では好漁場の捕捉のためにあらゆる情報を収集し，また探鯨船を使っている．これまでクジラ資源の管理で使用された CPUE は分子が捕獲頭数で，分母の努力量は，最初に操業捕鯨船 1 隻当たり操業日数（CDW：catcher day's work）が使われたが，その後 CHW（catcher hour's work）に変わった．この CHW は，実際の探索や追尾および捕獲作業にかかった時間であり，その他の時間を除いたものであった．しかしながら，CDW にしても CHW にしてもほとんどの操業ではあらかじめ探索された海域での操業であり，当該海域で無作為に探索した努力ではないことから真の密度を示さない危険があった．その後，CPUE に関する最後の論議では，日本の提案などにより，分子は捕獲頭数（あるいは発見頭数）とし，分母の努力量は操業捕鯨船 1 隻当たりの探索時間 CSW（catcher searching hours）とされた．この指数は，分子に発見頭数を使えば目視調査による密度指数と同じこととなり，当該操業海域内の密度は比較的よく反映する結果となった．しかしながら，その海域が選ばれるにあたって投下された操業前の調査などの努力量が反映されていない問題があった．結局，操業船からの情報のみからの CPUE には限界があり，操業開始前の探鯨船の努力量をどう評価し取り込むかに対する考え方が構築できないという基本的問題が残った．

　この問題は，捕鯨とクジラ資源管理だけの問題ではなく，現在日本沿岸で漁業資源の評価に使われる CPUE（そのほとんどは漁船 1 日当たりの漁獲量が中心）にもまったく同じ問題がある．漁船は，資源が豊富な時はあまり漁場の選択にこだわらず操業するが，資源が減少してくると，これまでの経験（情報）から最も可能性がある漁場を選択（ランダムあるいは一様な努力量ではないのは明

らか）し，なおかつ他の船からの頻繁な情報交換によりその日の最良の漁場で操業する．資源が減少すると，一般にある特定の海域に魚は集中するが，それ以上に漁業も集中するので，見かけ上 CPUE は下がらない．急に下がりはじめた時は，最後の好漁場が崩壊をはじめた時が多い．また，魚介類の漁業の場合，分子の漁獲量に関しても投棄魚の量が含まれていない場合があり，さらに CPUE が偏る．CPUE を使う時は，よほど注意しないといけない．

第 7 章　環境汚染物質とクジラ類

7・1　海産哺乳類への影響

　海産哺乳類の繁殖（再生産）などに異常が観察されたのは1960〜1970年代である．南カリフォルニア海域の雌のカリフォルニアアシカ（DeLong et al., 1973），デンマークワデン海のゴマフアザラシ（Reijnders, 1986），バルチック海の雌のハイイロアザラシとワモンアザラシ（Helle et al., 1976, 1980；Bergman and Olsson, 1985）において繁殖に関する異状が報告され，これらの個体には高い濃度の有機塩素化合物（特にPCBsとDDTの代謝物）が蓄積されていたことが発表された．1986年には，オランダにおけるゴマフアザラシの研究から，アザラシの餌中の有機塩素化合物濃度と異常な生殖器との間の関係が明らかにされた（Reijnders, 1986）．特に，海産哺乳類に関しては1980年代から1990年代にかけての有機塩素物質や重金属といった環境汚染物質の調査研究では，オランダのPeter J. H. Reijnders博士（アザラシ類），日本の田辺信介博士（愛媛大学）グループ（海産哺乳類全般），そしてスペインのバルセロナ大学のAlex Aguilar博士（イルカ類）らにより積極的に行われた．これらの調査から，有機塩素化合物がある種の海産哺乳類の内分泌と免疫機構に影響を与えることが次第に明らかにされてきた．またこれらの汚染と影響は，ヨーロッパのみならずカナダからも，汚染されたセントローレンス川−五大湖分水界の流域に生息するシロイルカ（ベルーガ）が汚染物質によってさまざまな障害を受けていると報告される（Martineau et al., 1994；De Guise et al., 1995）ようになった．1980年代から1990年代にかけて見られたヨーロッパや北米のアザラシやイルカ類の大量死に関して，確証的な原因は未だに結論されていないが，その後の実験系での調査からゴマフアザラシでは免疫能力に有機塩素化合物が連関していることが報告されている（Reijnders, 1999）．

7・1・1 汚染化学物質

IWC 科学委員会は，1995 年ノルウェーのベルゲンでクジラ類に対する化学汚染物質に関する作業部会を，オランダの Peter Reijnders 博士議長の下で開催した．この作業部会でクジラ類に対して調査・試験されるべき物質として表 7-1 の物質をリストアップした．

7・1・2 海産哺乳類に対する生理的影響
(1) 影響実態

米国海産哺乳類委員会（Marine Mammal Commission）は，1998 年コロラド州キーストーンにおいて海産哺乳類と海洋汚染物質（特に有機塩素化合物）に関する作業部会を開催した．この作業部会報告が最近印刷され，著者の所に送られてきた．この報告書の中で，Reijnders 博士が取りまとめた海産哺乳類に対する影響の最新の情報を表 7-2 に示した．

表 7-1　クジラ類への影響試験が行われるべき化合物 (Report of the Workshop on Chemical Pollution and Cetaceans, SC / 47 / Rep2 から引用)

恒常的	非恒常的 [1]	不明 [1]
PCBs	Toxaphene	TCP / TCPMe
DDT / DDD/DDE	Chlordane metabolites	Tetrabrombishenol
HCB	PBDEs	CPs
HCHs	PCNs	Bromocyclene
Dieldrin	PBBs	nitromusk compounds
PCDDs/PCDFs	PCTs	
Hg, Pb, Ze, Cd	PCDEs	
Cu, Se	PCB metabolites	
	（MSF and OH, blood only）	
Chlordanes	PAH-metabolites	
TBT / TPT		
Chlorostyrenes		
Radionuclides（Cs-137）		

[1]：バイオアッセイに関するさらなる情報が必要．
PCBs ポリ塩化ビフェニル類，DDT ジクロロジニフェニルトリクロロエタン，HCB ヘキサクロロベンゼン，HCHs 1, 2, 3, 4, 5, 6- ヘキサクロロシクロヘキサン，Dieldrin デイルドリン（農薬），PCDDs / PCDFs ダイオキシン類，Chlordane クロルデン（殺虫剤），Toxaphene 塩化カンフェン（殺虫剤），PBB ポリ臭化ビフェニル，PCT 塩化テルフェニル，TBT / TFT トリブチルスズ / トリフェニルスズ，TCP トリクロロフェノール，Chlorostyrenes クロロスチレン，Tetrabrombishenol テトラブロモビスフェノール，Radionuclides (Cs-137) 放射性同位元素（セシウム -137)，PAH ポリアロマテイックハイドロカーボン

第7章 環境汚染物質とクジラ類　*191*

表7-2　海洋汚染物質（有機塩素系物質）と海産哺乳類の再生産・内分泌との関連 (Reijnders, 1999)

種　類	海　域	発現様式	確証度	汚染物質	確証度
繁殖（再生産）の異状					
ゴマフアザラシ	Wadden Sea	ホルモン代謝	2	PCBsとその代謝物	2
シロイルカ（ベルーガ）	St. Lawrence River	不明	4	有機塩素系物質	4
ハイイロアザラシ・ワモンアザラシ	Baltic Sea	子宮の病理学的	3	PCBs / DDE / MSFs	3
ハイイロアザラシ・ワモンアザラシ	Baltic Sea	不妊	1	PCBs / DDT / 代謝物	3
カリフォルニアアシカ	S.California Bight	ステロイド様擬態	3	PCBs/DDT	3
ホルモン異状					
ゴマフアザラシ	Wadden Sea	binding competition	1	PCBsとその代謝物	2
イシイルカ	North P. Ocean	不明	4	DDTとおそらくPCBs	4
ゴマフアザラシ	Wadden Sea	enhanced hydroxylation	3	PCBsとその代謝物	2
形態異状					
ゴマフアザラシ・ハイイロアザラシ	Baltic Sea, Wadden Sea	伝染病 / hyper-adrenocortical	2	PCBs / DDT / 代謝物	3
ゴマフアザラシ	Baltic Sea, W. Sweaden	不明	4	PCBs / DDT / 代謝物	3
ミンククジラ	Southern Ocean	不明	4	有機塩素系物質	4
シロイルカ（ベルーガ）	St. Lawrence River	不明	4	有機塩素系物質	4
シロイルカ（ベルーガ）	St. Lawrence River	遺伝／環境	4	PCBs / DDT	4

1 = denifite（確実），2 = probable（おそらく），3 = possible（たぶん），4 = known（不明）．
Cited：Marine Mammals and Persistent Ocean Contaminants：Proceedings of the Marine Mammal Commission Workshop, Keystone, Colorado, October 1998. Marine Mammal Commission, Maryland, 1999.

　PCBs/DDTやその代謝物による毒性影響は，表に示されているように海産哺乳類では鰭脚類（アザラシ類）やクジラ類で多く認められている．特に，沿岸性の海産哺乳類にその影響が強い事実が懸念されている．また，海産哺乳類の他に鳥類や陸生の哺乳類でも報告されている．これら毒性の影響は，卵殻の薄化，不妊，流産，子宮閉塞などといった症状として現れている．
　表7-2に示されている海産哺乳類の個体や個体群の生存に影響を与えている要因をまとめると，疾患と急性毒性，内分泌攪乱（198頁のNote参照），不妊，出産障害，免疫抑制，免疫機能障害，代謝機能障害などである．

(2) 海産哺乳類の有害物質の分解能力

　基本的には動物の体では外来物質を排除する防衛機能システムが備わっている．血液中や体内では，免疫防御の重要なメンバーである抗体，リンパ球などが働いており，体内に侵入してきた異物を処理する．体内に侵入した物質や病原菌は，この免疫システムによって排除されるが，侵入物質を異物と識別できない場合，物質は肝臓に入り肝細胞内に取り込まれ，化学処理を受ける．この肝臓による化学処理（無毒化）の方法は，まず水に溶けにくい物質を酸化・還元・加水分解などによって水に溶けやすくすることである．水に溶けやすくなると細胞内という水媒体中で化学反応が進みやすくなる．これらの化学反応は，肝細胞中の酵素によって触媒される（その酵素をチトクローム P-450 という）．肝細胞に入ってきた脂溶性化合物は，酵素による処理によって水と強くなじむようになり，腎臓から尿となって体外に排出される．このような水溶化反応が肝臓の解毒作用の重要なメカニズムである．ところが，分解反応や水溶化しにくい物質は，次から次へと脂肪組織に蓄積されていく．そしていつかその貯蔵容量を超えてしまうと，その化学物質は血液に放出されて，母乳中に入っていったり，内分泌系を攪乱する．

　海産哺乳類に関して Tanabe et al.（1988）は，クジラ類が他の陸上動物に比べて有機塩素化合物の高い蓄積特性に関して，その原因の一つが肝ミクロソームに局在するチトクローム P-450 系の薬物代謝酵素が発達していないためと示唆している（Tanabe et al., 1988；田辺, 1998a）．それは，上述したように人工的に製造された化学物質（有害汚染物質）が分解代謝されずに，いつまでも体内に残り蓄積されることを意味している．一般に，有機塩素化合物を分解する薬物代謝酵素系は，フェノバルビタール（PB）型とメチルコラントレン（MC）型に大別されるが，クジラ類は陸上の哺乳類や鳥類に比べると PB 型の酵素が欠落しており，その結果，有害物質の分解能力が弱いと考えられている（図 7-1）．これは，多様に発達した陸上植物の毒性（動物に食べられない適応の一つ）とはかけ離れた海洋での生活に適応したクジラ類にとって解毒能力は必要でなかったことによると考えられている．

(3) 次世代への移行

　海産哺乳類における有害化学物質蓄積の特徴の一つは，世代の移行である．(2) の有害物質の分解能力のところでも述べたが，有害物質を十分分解できない場合，

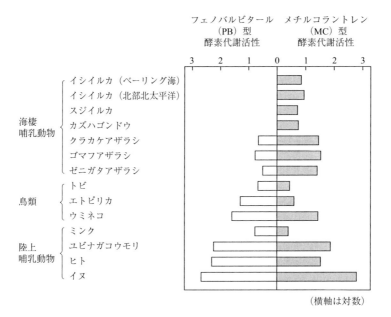

図7-1 野生動物のフェノバルビタール（PB）型およびメチルコラントレン（MC）型薬物代謝酵素活性（Tanabe et al., 1988；田辺, 1998a）

有害物質は親の胎盤を通して直接移行するとともに，出産後の授乳を通して移行する．海産哺乳類の場合では，胎盤を経由して移行する量はせいぜい母親体内の5％程度と考えられている（田辺, 1998a）．一方，有機塩素化合物（PCBなど）など脂溶性が高い物質は，特に脂肪含量が高い海産哺乳類では乳を通して大量の汚染物質が仔へ移行してしまう．実際，母親体内の有機塩素化合物は，性的に成熟して仔を生むようになる年齢になると体内中の濃度が低下する（図7-2）．イシイルカでは，母親の胎内に残留するPCB総量のおよそ60％が授乳によって乳仔へ移行していることが示されている（Tanabe et al., 1994）．

(4) 海産哺乳類中の最近の化学物質濃度

表7-3に平成10年度環境庁のSPEED98計画の下で行われた内分泌攪乱化学物質による野生生物影響実態調査結果を示した．これらの供試料の中には，座礁した個体からの情報も含まれているので，すなわち，健康な個体ではないもの

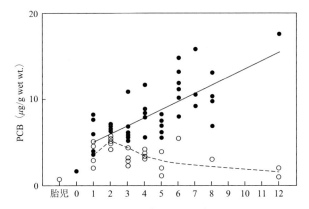

図7-2 イシイルカ中のPCB濃度と年齢との関係（田辺，1998b）
　横軸は年齢，○は雌，●は雄．雄の濃度は比較的年齢とともに増加する傾向であるのに対して，出産・授乳する雌の場合は，成熟年齢以後濃度は増加しない．これは，雌の体内のPCBが出産に伴い仔へ移行してしまうためと考えられている．

からの分析も含まれているので注意を要するが，日本沿岸の海産哺乳類中の化学物質濃度の最近の概要を理解する上で役立つ．各種の有害化学物質の濃度は，個体によるバラツキが大きいが依然として体内に蓄積されていることが示されている．

(5) 今後の課題

これまでの調査から環境化学物質によるさまざまな影響が示唆されてきているものの，依然として自然条件下の海産哺乳類に対してこれらの汚染物質がどの程度，そしてどの器官（組織）に直接あるいは間接的に影響を与えているかに関して不確実な点が多く残っている．これらの不確実な点としては，以下の点が挙げられている．

(1) 海産哺乳類における海洋汚染物質の病理学的影響
(2) 特に海産哺乳類に対する免疫毒性や健康影響と汚染物質被曝との関係
(3) 海産哺乳類の繁殖障害における環境汚染物質の役割
(4) 海産哺乳類に対する内分泌攪乱物質の影響
(5) 汚染物質曝露に伴う個体あるいは個体群へのリスク評価
(6) 海洋環境中における汚染物質濃度の将来予測
(7) 今まで認識されていない物質の影響と将来予測

表 7-3 日本沿岸海産哺乳類の化学汚染物質濃度（μg/kg-wet）（平成 10 年度環境庁内分泌攪乱化学物質による野生生物影響実態調査結果より）
分析値の最小−最大値を示した．

種	検体数	総 PCB 量	HCB	総 HCH 量	p, p'-DDT	p'-DDE	TBT	供試料の主な採取地
ゼニガタアザラシ	12	120〜720	<5〜8	15〜98	30〜100	150〜520	<20	北海道
ゴマフアザラシ	7	210〜8,700	5〜17	38〜630	45〜550	220〜2,500	<20〜110	北海道
オオギハクジラ	10	2,200〜49,000	200〜550	290〜1,700	1,500〜4,200	2,200〜14,000	<20〜90	青森〜島根
バンドウイルカ	2	1,500〜11,000	78〜130	130〜210	470〜650	1,400〜11,000	<50〜120	静岡
マイルカ	2	4,200〜6,100	61〜120	30〜290	140〜250	620〜6,300	30	岩手・神奈川
カマイルカ	2	11,000〜12,000	300〜550	150〜1,200	170〜1,500	1,100〜11,000	40〜50	茨城・新潟
ネズミイルカ	3	170〜2,100	110〜320	210〜520	88〜780	200〜1,400	30〜150	岩手・北海道
スナメリ	3	<50〜2,400	31〜220	10〜2,400	20〜3,100	60〜30,000	40〜140	千葉・山口

　これらの不確実性に対する調査研究では，これら汚染物質が及ぼす海産哺乳類の免疫，内分泌攪乱などへの影響と，その関連を評価する生理学，行動学，繁殖（再生産），医学，病理学，毒性学など包括的研究と野外および室内実験からのデータ収集が必要であると考えられている．なお，IWC 科学委員会の作業部会はその勧告（IWC, 1998）の中で特に影響が強いと考えられている PCB に対する研究の焦点として，表7-4 の 3 種といくつかの優先的水域を勧告している．これらの種と水域は，汚染の状況と入手可能な供試料を考慮してリストアップされ，これらの水域で今後調査研究が進行することが期待されている．

7・2　他の動物への影響

　海産哺乳類以外の野生動物への環境ホルモンの影響が考えられているものを

表7-4 汚染が進行している水域に生息するクジラ類に関する現状と汚染による影響調査法 (IWC, 1998)

クジラ種	調査水域	供試料提供源	知見の現状
バンドウイルカ			
High/medium polluted	Florida	Temporary live-capture	よく調査されている
	Moey Firth	Biopsy sampling	小個体群生物情報あり
	Mediteranean	Biopsy sampling	大個体群で関連する
Lightly polluted	Mauritania	Biopsy sampling	生物学的情報なし
ネズミイルカ			
High/medium polluted	Gulf of Maine / Bay of Fundy	Bycatch (ca 1800s)	調査中
	North Sea	Bycatch (ca 1000s)	調査中
Lightly polluted	North Norway	Bycatch	
	Greenland	Directed aboriginal hunt	試料採取容易？
シロイルカ			
Highly polluted	Gulf of St Lawrence Stranded		調査中
Lightly polluted	Canadian Arctic	Directed aboriginal hunt	調査中
	Alaska	Directed aboriginal hunt	調査中
アマゾンカワイルカ	Amazon River	Live capture Biopsy sampling	調査中

表7-5に示した．影響は，主に水域に何らかの関係がある動物が主である点が特徴である．有害汚染物質が最終的に海域や湖沼域にたどり着き，湖底や海底に蓄積され長い時間かけて生態系に影響を与える可能性が指摘されている．

最後に，有害物質による生態系への悪影響という概念は，従来はヒトの健康影響という観点より優先順位が低く扱われ，生産活動や産業育成の陰で生態系の動植物が犠牲となってきたことは事実である．今まで，環境へ排出される物質の生態系への悪影響の防止は，水質汚濁防止法においてヒトの生活環境の保全という概念で進められてきており，野生生物への'有害'という観点はまったくなかった．化学物質によると考えられている影響の事例は，多くなってきているもののまだ少ない，これは調査努力がまだ十分いきわたっていない理由による可能性がある．

有害汚染化学物質による個体や種個体群への，特に生殖（再生産）への影響は，「漁獲−管理」を基本とした資源管理には大きな不確実性を生み出す．雄の雌化（魚類）や雌の雄化（巻貝）や生殖腺の異常などは，直接再生産に影響を与える．モ

表7-5 野生生物界に現れた異常現象と環境ホルモン（内分泌撹乱物質）

生物種	異常現象	原因	発生地
軟体動物			
Dogwelk（巻貝）	生息数減少 インポセックス（オス化）	有機スズ （船底塗料）	英国海岸
イボニシ	生息数減少 インポセックス（オス化）	有機スズ （船底塗料）	日本海岸
両生類			
カエル	奇形	不明	米国
カエル	奇形	不明	北九州
爬虫類			
ワニ	生息数減少 ペニス小 行動異常	農薬（クロルデコン）？	米国フロリダ州 アカプカ湖 （1980年代）
魚類			
ローチ（コイ科）	雌化した雄 雌雄同体魚	ノニルフェノール？ （洗剤由来）	英国河川
ニジマス	精巣発達不全 ビテロジェニン検出	ノニルフェノール？ （羊毛洗浄工場）	英国河川
カレイ	精巣異常 ビテロジェニン検出	ノニルフェノール？ ヒト女性ホルモン	英国河口域 （下水処理場近）
コイ	ビテロジェニン検出 ステロイドホルモン濃度変化	原因不明	米国河川
コイ	雌化した雄魚	不明	多摩川
マコガレイ	雌化した雄魚	不明	東京湾
マダイ	雌化した雄魚	不明	日本各地
鳥類			
ハゲワシ	生息数減少 卵の孵化率低下	DDT等か？	米国海岸
アジサシ	生息数減少 卵の孵化率低下	DDT等か？ 農薬か？	米国
アホウドリ	卵の孵化率低下	農薬か？ ダイオキシン？	米国ミッドウェー

デル上では，自然死亡率の増加・加入率の低下という値で考慮できるが，実際の数量化はほとんど不可能に近い．今後，漁獲の動向や資源モデルによる資源評価・チェックのみならず，他の生理学・内分泌学，化学や海洋学の研究を含めた総合的な情報も考慮する必要がある．

---- **Note** ----

　この他に,いわゆる環境ホルモン物質であるビスフェノール A やノニルフェノールなど界面活性剤やプラスチック原材料に使われる化学物質による環境ホルモンの攪乱作用の機能として,

　(1) ホルモンの合成異常
　(2) ホルモンの貯蔵もしくは放出の異常
　(3) ホルモン輸送,あるいはクリアランスの異常
　(4) レセプターの識別あるいは結合の異常
　(5) 結合した受容体のその後の信号伝達,または機能発現の異常

などさまざまな形をとる可能性が指摘されている.これらの影響は,環境中の汚染物質からの被曝レベル,他の汚染物質との存在や混合,種,年齢,性,そして健康状態に関連している.また,水棲哺乳類の餌である魚や甲殻類の環境容量を減少させる窒素やリンの過剰な負荷による海や湖沼の富栄養化現象や有毒赤潮の発生の影響も懸念されている.

補　論

田中栄次

　鯨類の研究者の数が少ないこともあって，鯨類の専門書の多くは学生向けというより研究者向けに偏っており，読者に鯨類学や水産資源学の基礎知識があることを前提に書かれていることが多い．本書もクロミンククジラの生態を中心とした大学の特別講義の内容を基礎とした専門書である．そこで学部の低年次生でも理解できるように，必要な基礎知識である，1. 鯨の生活史と生活年周期の概略，2. 鯨類の漁業生物学の概要，3. 鯨類の資源動態モデルを読者の理解の一助となるよう収録した．また国際捕鯨委員会（International Whaling Commission，略号 IWC）の改定管理方式（Revised Management Procedure，略号 RMP）も完成しており、その内容についても収録した．

1. 鯨の生活史（life history）と生活年周期（annual life cycle）の概略

　簡単にいえば生活史とは生物の一生の変化（出生・成長・繁殖・死亡など），生活年周期は1年間の生活様式（繁殖・摂餌など）のことである．生活年周期は大型鯨類と小型のハクジラ類では異なる点が多く，特にハクジラ類は種類も多く多様である．
　まず大型ヒゲクジラ類の例としてナガスクジラの生物学的特性値（シュライパー（1965），大隅（1974））をもとに生活史をまとめると以下のようになる．交尾の時期は冬であり北半球では12月から翌1月の頃，南半球では6月から7月頃の低緯度水域（熱帯域）である．妊娠期間は11.25ヵ月で，出産も低緯度水域である．雌鯨の乳頭は1対であることからもわかるように1回当たりの出産数は1頭で，母鯨は生まれた仔鯨を6〜7ヵ月の間哺乳する．仔鯨も年齢が10歳から11歳に達すると性成熟し繁殖に参加する．成長にも雌雄の性差はあまりない（図1）．寿命は70年以上で，シャチなどが天敵である．生活年周期は冬の繁殖と夏の摂餌からなる．冬に交尾あるいは出産した後，夏が近づくと雌雄とも高緯度の極域に回遊し大量に発生したプランクトンを3ヵ月程度の間捕食し，

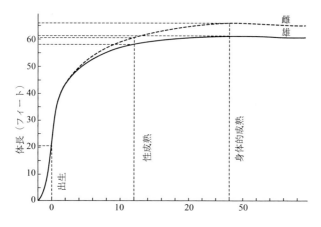

図1　北太平洋のナガスクジラの成長と成熟（Ohsumi et al., 1958 より作図）

冬になると低緯度の繁殖域に回遊する．冬の間は捕食しないので1年分の栄養を極域で摂取している．

　大型のハクジラ類の例として北半球のマッコウクジラの生活史を生物学的特性値（シュライパー（1965），宮崎・粕谷（編）（1990））を参考にまとめると以下のようになる．交尾は3〜5月，出産時期は7〜8月，妊娠期間は15〜16ヵ月で，哺乳期間は24〜26ヵ月と長い．性成熟年齢は雄24歳，雌9歳で成長と同様に性差がある（図2）．寿命は65歳である．マッコウクジラの生活年周期にも繁殖期と摂食期があるが，繁殖育児群，成熟雄の群，未成熟の群で行動が異なる．祖母・母・娘などと仔鯨で構成される繁殖育児群は摂食期には低緯度水域，中・大型雄は中高緯度水域に分布し棲み分けている．繁殖期になると成熟した大型の雄がハーレムを形成し繁殖活動を行うが，若い雄の群れは別の水域に分布し棲み分けを行っている．棲み分けは餌をめぐる競合を避けるためと考えられている．程度は様々であるがハクジラ類には社会性があることが知られている．

　日本近海に分布するバンドウイルカの生活史（シュライパー（1965），宮崎・粕谷（編）（1990））を参考にまとめるとおよそ以下のようになる．交尾・出産は3〜5月，妊娠期間は12月，哺乳期間は12〜18ヵ月であるが3〜5年間母イルカと行動する．性成熟年齢は雄8〜13歳，雌5〜13歳と性差がある．寿

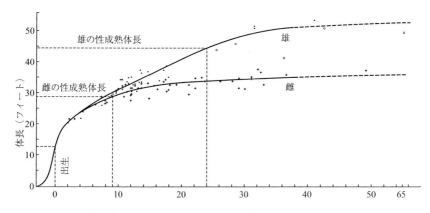

図2　北太平洋のマッコウクジラの成長と成熟 (Nishiwaki *et al*., 1958 より作図)

命は雄30歳, 雌40歳である.

　大型ハクジラであるマッコウクジラやシャチには社会性や雌雄差があるが, 小型のハクジラ類は種類も多く多様で, 明瞭な回遊を行わず周年熱帯水域に分布し明確な繁殖期もない鯨種もいる.

2. 鯨類の漁業生物学 (Fishery Biology)

　鯨類資源の数量変動を理解するためには, まず鯨類の生物学的知識が必要である. 数量変動を表す資源動態モデルも漁業生物学の知識を基礎として組み立てられている. 漁業生物学は, 系群, 年齢・成長, 成熟・産卵, 移動・回遊などを扱う.

2・1　系群 (stock)

　同一の鯨種の個体群でも, 北太平洋の集団と北大西洋の集団のように地理的に完全に分離していれば, それぞれの集団は独立した数量変動をする. なぜなら, その集団で生まれた個体は別の集団へ移動することなく, その集団内で成長し, 繁殖し, 一生を終えるからである. 他の集団が環境変動や漁獲の影響でその数量が大きく変化しても, この集団の数量の変動とは直接には関係ない. このように, 「独立した変動をする種以下の集団」を系群という. 系群別に鯨類資源を

管理することは，1）特定の系群を傷つけることなく管理できる，2）遺伝的多様性を保持できる，という点で重要である．

ナガスクジラのような大型のヒゲクジラ類は，南半球では夏の季節には餌の豊かな南極海へと索餌回遊し，冬の季節は暖かい低緯度水域で出産，仔鯨の保育にあたる，といった季節的な回遊を繰り返している．南半球の夏季は北半球の冬季にあたるから，南半球の夏季には北半球に生息する鯨は低緯度水域で出産，仔鯨の保育にあたることになって，南半球と北半球でも個体間の交流がない．また大型のヒゲクジラ類では南半球ではアメリカ・アフリカ・オーストラリアの3大陸の両側に南北回遊する系群，合計6系群があると言われている．

もし種以下のレベルの独立集団の存在がないなら系群を同定する必要はないが，複数の系群があると疑われる場合，系群判別を行う必要性がある．鯨類で用いられてきた系群判別の方法は，1）形態学的方法（morphological method），2）生態学的方法（ecological method），3）標識放流の再捕記録（tagging experiment），4）遺伝学的方法（genetic method）の4つである．

形態学的方法は計数形質などの違いを基に系群を判別する方法である．人間も人種によって体型が異なる．そこで異なる海域で採集された個体群の体高／体長，体幅／体長といったプロポーションの違いを統計的に検出し判別する．鯨類では皮厚や肥満度（体重÷(体長)^3）も用いられる．

生態学的方法には，寄生虫の種類などの違いから判別する方法などがある．寄生虫の種によってその分布域が異なれば鯨類を宿主とする寄生虫の種類あるいは種組成の違いは生息水域の違いを反映するから，系群判別に利用できる．鯨類では腸内の寄生虫などが用いられる．

標識放流再捕記録による方法は，鯨類の移動範囲を基に判別をする方法である．たとえば分布水域A，Bのそれぞれで，鯨にコード番号がついた標識銛を打ち込んで放ち，再捕された個体の移動記録をとる．この記録から水域AとBの間で交流があるか否かを知ることができ，これを基に判別する．標識銛では捕獲がないとデータが取れないが，近年，数は少ないが高価な衛星標識で移動を調べる試みも活発になっている．またザトウクジラでは個体識別できるような自然標識があるのでこれを用いた研究も行われている．

遺伝学的方法は，血液型の組成，アイソザイム（酵素）の多型，ミトコンドリアDNAや核DNAの塩基配列を統計的な分析をして，判別する方法である．陸上動物に比べ鯨類の遺伝的多様性は低いことに加え，大型鯨類では各系群の

保育場での標本はまれで，系群の混合が多少は起こっている摂食域での標本がほとんどであるため，判別が難しいことも多い．

鯨類の系群判別では遺伝情報は重要視されるが必ずしも決定的ではないため，上記4つの方法を併用して総合的に判断されることは多い．

2・2 年齢・成長 (age and growth)

年齢と成長の情報は，成熟年齢や体長，捕獲が開始される年齢など資源変動に関する基礎情報になる．鯨類の年齢と成長を推定する方法は，1) 飼育法，2) 標識放流法，3) 年齢形質法がある．

飼育法は文字通り飼育して年齢と成長を調べる方法で，水族館で生まれた小型鯨類などでは可能である．自然状態と環境が異なるので，結果をそのまま用いることはできないが，補助情報として役立てることはできよう．

標識放流法は，鯨の大きさを目視で測定し，コード番号が刻印された標識銛を打ち込んだ後，何年か経過した後にその個体が再捕されたときの大きさを測定することによって，年齢と成長を推定することは可能である．この方法では標識を付けた時点の年齢が不明のときは相対年齢しか得られないが，その値は推定でなく比較的正確である．摂食域における大型鯨類の親仔連れの仔鯨の年齢は生後半年程度とわかっているので，この場合は年齢がわかる．

年齢形質法は煩雑であるが必要かつ重要な方法である．対象生物の年齢が何歳かを判定することを年齢査定といい，年齢査定に用いられる組織を年齢形質という．鯨類の年齢形質は，ヒゲクジラ類では耳垢栓 (ear plug)，ハクジラ類では歯である．これらの形質の断面に現れる木の年輪のような輪紋を数えて年齢を推定する（図3）．

年齢形質に現れる輪紋が年に1本なのか2本なのかで推定された年齢は2倍違うことになるので，1年間に形成される輪紋数の情報は極めて重要である．魚類や貝類では成長する年齢形質の縁辺の状態（輪紋か否か）を，毎月観察し輪紋形成時期を特定することで1年間に形成される輪紋数を確認している．しかし特に大型鯨類では摂食期という限られた期間の標本しかなく，年齢形質だけでは確認できない．欧米では戦後になってもしばらくの間は年間2本形成されるという説が有力であった．ところがナガスクジラの親仔連れの仔鯨の標識が回収され，耳垢栓の輪紋数と再捕までの年数の比較から，年間の輪紋数は1本と判明した．

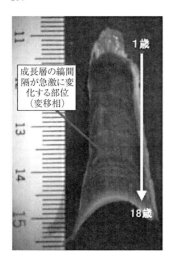

図3　南極海のクロミンククジラの
　　　耳垢栓（銭谷, 2005）

鯨類もその成長は資源の密度によって変わることがあるので、毎年継続して調査することが望ましい。資源の密度が低く、各個体にとっての生息環境が良好であれば、成長が速くなり、逆に密度の上昇とともに成長が遅くなることがあるからである。

年齢形質にはその鯨の履歴に関する情報が含まれている。ナガスクジラ、イワシクジラやクロミンククジラなどでは、性成熟に達すると耳垢栓に現れる輪紋の間隔が急に狭まることが知られている。このように性成熟の前後で輪紋間隔が変化するところを変移相（transition phase）という（図3）。変移相の年齢を知れば当該雌個体の成熟年齢を知ることができ、さまざまな年代の標本があれば成熟年齢の年代的な変化も推測できる。

2・3　成熟・繁殖（sexual maturity and breeding）

性成熟すれば再生産（reproduction）に寄与するようになるから、これも資源変動を考えるための重要な要素である。性成熟に達したときの年齢を性成熟年齢（age at sexual maturity）、各年齢群のうち成熟している個体の比率を年齢別成熟率（maturity rate at age）といい、年齢別成熟率や体長別成熟率が成熟鯨の資源量を推定するときのパラメータとして用いられる。

これらの値は年代的に変化する。成熟は体長に依存し、体長別成熟率は年代による差がないことが多い。この場合餌が増えるなどの環境の変化で成長が速くなり、若い年齢で成熟体長に達するので、年齢別成熟率も若い方へシフトする（図4）。

鯨が成熟したか否かを判断する直接的方法は生殖器の解剖学的観察による方法である。簡便な方法としては変移相の観察である。さまざまな時期の標本が利用できれば毎月の胎児の大きさから胎児の成長や、逆に受胎時期の推定が可能となる。シャチのように祖母・母・娘等で構成される母系社会の群れを作る場合で、その群れが常時観察できる地方群があるような特殊な場合は、出産か

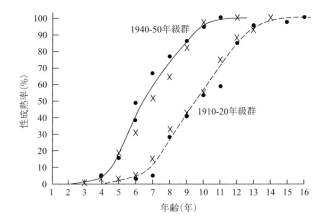

図4 南極海のナガスクジラの年齢別の性成熟率（Lockyer, 1972 より作図）

ら初産まで観察できる．

2・4 分布・回遊 (geographic distribution and migration)

　魚類と異なり哺乳動物である鯨類の棲み分け（segregation）は顕著である．鯨類の分布域は特に大型鯨類で雄雌，未成熟と成熟で異なっている．これは種内での餌をめぐる競争を緩和するためと考えられている．

　鯨類の分布・回遊に関する知識はその生態を理解することに有益であるばかりでなく，成熟した雌鯨や仔鯨を保護するための禁漁区をどこにしたらよいか，といった資源管理にも必要である．

　鯨類の分布・回遊を調査する方法は，1) 目視調査の発見記録や過去の捕獲統計を分析する方法，2) 標識による方法に大別される．資源量の絶対数ではないが資源量に比例して変化する指数を資源量指数という．前者は資源量指数が高い海域が季節的にどのようにシフトしてゆくかを調べることによって推定されている．その分析に用いられる資源量指数は，目視観察では一定の調査距離当たりの発見頭数，捕獲統計では1日1隻当たり発見頭数などである．

　標識の種類には 1) 標識銛，2) 自然標識（natural tag），3) 衛星標識（satellite tagging）がある．標識銛は前述のように標識銛を打ち込まれた個体を再捕してデータを得る．標識銛は大規模に行えるが，捕鯨が行われている鯨種に限られる．自然標識を持つ鯨が様々な仔鯨の保育場で繰り返し発見されることを利用する．

自然標識は目視調査で行え 1 頭の鯨を繰り返し観察できるという利点があるが，個体識別可能なザトウクジラなどごく一部の鯨種に限られる．衛星標識は高価だが浮上のたびに位置がわかるので 1) や 2) と異なりほぼ連続的記録が得られる点に利点がある．

3．資源動態モデル（dynamical models of sock size）とその応用

　鯨の資源量が過去から現在までどのように推移したか，あるいは将来どうなるかといった予測には資源動態モデルが不可欠である．動態モデルには性別や年齢構成を考慮しないモデルと性別と年齢構成を考慮したモデルがある．性別にこだわる理由は成熟雌 1 頭から 1 頭の仔鯨しか生まれないからであり，成熟雌の数が資源の増加を左右しているからである．年齢構成を考慮したモデルは様々な要素を取り込んでおり説得力があるが，その反面自然死亡率や成熟率などの多くパラメータが必要になる．年齢構成を考慮しないモデルはその逆となるが実用面では甲乙つけることが難しい．ここでは最も基本的な年齢構成を考慮しないモデルとその応用を紹介する．

3・1　資源動態モデル

　t（= 1, 2, …）年の初めの資源頭数を N_t（頭），捕獲頭数を C_t（頭），加入量（成長して捕獲の対象になった鯨の数）を R_t（頭）で表す．漁期が短いとき，ある年の初めの資源頭数は（前年の頭数－捕獲頭数）×生残率＋新規参入個体，に等しい．したがって N_t は次式で表せる．

$$N_t = (N_{t-1} - C_{t-1})S + R_t \tag{A1}$$

ここでは年間生残率である．鯨類では次の Pella and Tomlinson (1969) のモデルで表す．

$$R_t = (1-S)N_{t-ar}\left[1+A\left\{1-\left(\frac{N_{t-ar}}{K}\right)^z\right\}\right] \tag{A2}$$

ここで ar, A, K, z はそれぞれ加入年齢（年），弾性係数，環境収容力（頭），べき乗係数である．鯨類資源では他の海産哺乳動物の類推から，純増加率が最大になる資源量は環境収容力の60%（$z = 2.39$）であると仮定されることが多い．（A2）式で$(1-S)N_{t-ar}$ は自然死亡頭数であるから$R_t - (1-S)N_{t-ar}$ が純増加量＝持続生産量（Sustainable Yield：SY）になる（図5）．

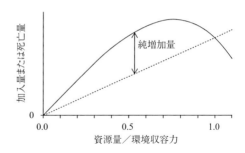

図5 Pella and Tomlinson 型再生産曲線
図中の曲線と直線は加入量頭数（Pella and Tomlinson 型再生産曲線）と，死亡頭数を示す．曲線と直線の差が純増加頭数＝持続生産量になる．

この簡単な代数的方程式が鯨類の資源動態モデルの基本で，ほかのモデルはこのモデルの改良型である．RMP で用いられているモデルはこのモデルを近似したものである．また（A2）式をさらに簡略化したモデル

$$N_t = N_{t-1} + rN_{t-ar}\left\{1-\left(\frac{N_{t-ar}}{K}\right)^z\right\} - C_{t-1} \tag{A3}$$

もよく用いられる．ここで $r(>0)$ は内的自然増加率（年当たり）を示し，右辺第2項は純増加量である．

3・2 資源動態モデルの応用

鯨の資源量が過去から現在までどのように推移したかを推定するときには，1つ以上の近年の資源量推定値と捕獲の歴史（catch history，過去の捕獲統計）を用いる．捕獲が開始される以前は飽和していた，すなわち $N_0 = K$ を仮定すると，（A3）式では推定する未知パラメータは r と K の2つとなる．もし数多くの資源量推定値が利用できないときは調査データからの r の値を用いるかあるいは妥当な値を仮定して K の値だけを推定する．なお r を直接用いる代わりに鯨の研究者は MSYR（MSY rate）を用いる．MSYR は MSY ÷（MSY のときの資源量）と定義され，（A3）式では MSYR $= rz/(1+z)$ となる．

推定の原理は単純である．捕獲によって資源量は飽和水準から減少してゆく

ので，(A1) 式または (A3) 式で計算される資源量の軌跡が近年の資源量推定値付近を通過するように r と K の値を統計的に決めている（図6）．この原理はIWC の SC で用いられていた Hitter/Fitter (de la Mare, 1989) が原型である．

このようにして r と K の値が決まれば (A1) 式または (A3) 式を使って，捕獲を制限したとき将来資源量がどのように推移するかをシミュレーションできる．

3・3 資源量指数とその他の資源量推定法

まず資源量指数について説明する．本文に記載されている目視調査における遭遇率（調査距離当たりの発見頭数）は資源量（頭数）そのものではないが資源量に比例する数量であり，このような数量を一般に資源量指数という．資源量指数にはCPUE (Catch Per Unit Effort：努力当たり捕獲頭数) なども含まれる．商業捕鯨で発見に要した航海距離などを努力量とし，捕獲頭数をこれで除した値を CPUE として用いている．資源量指数は年々の資源量の増減傾向を把握するために利用される．

次に，現在，資源量の推定値は**第5章**に記載されている「目視調査」によって直接推定値が最も信頼できる値とされているが，以前は捕獲統計を用いた資

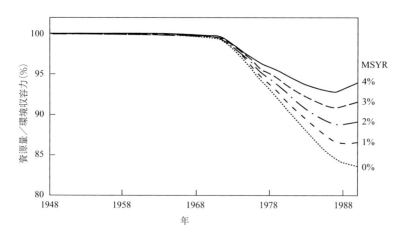

図6 南半球のクロミンククジラの資源動態の推定（International Whaling Commission, 1991 より作図）
　　資源量推定値は 1985 年の南極海全体の 760,396 頭を用いている．

源量推定法が用いられていた．その代表的な方法は1）標識放流法（第2・5章），2) de Lury 法，3) VPA（Virtual Population Analysis）などであった．

de Lury 法は漁期が数ヵ月と短いときに漁期初めの資源量を推定する方法である．漁期が短く自然死亡が無視でき，漁場への出入りがないとき，漁期中のCPUEの減少はすべて捕獲によ

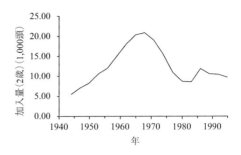

図7 IWCの管理海区IVにおけるクロミンククジラの加入量の推移（Butterworth et al.,（1999）より作図）

るものである．この関係を利用し，漁期中の捕獲頭数の増加と減少するCPUEのデータから漁期初めの資源量を推定する．

VPAは過去の年別年齢別の資源頭数を推定する方法で，以前はコホート解析とも呼ばれていた．VPAにはいくつものタイプがあるが現在鯨の研究で用いられているものはチューニングVPAと呼ばれるタイプである．これは年別年齢別の捕獲頭数，自然死亡率の推定値，年々の資源量指数，近年の資源量推定値（目視調査による値）を用いて，資源量や過去の資源量指数の動向に合うように，過去の年別年齢別資源頭数を逆算する方法である．この方法をクロミンククジラに応用した結果1940年代から加入頭数が増加したが1970年頃から減少に転じたことなどが示された（図7）．これは，1）シロナガスクジラが捕獲によって減少したことにより競争関係にあったクロミンククジラが増加したが，その後，2）ザトウクジラの増加によってクロミンククジラが減少し始めたことなどの可能性を示しており，南極海の生態系の変化を研究するために役立っている．

4．改定管理方式

IWCは，1976年から鯨種別に捕獲限度量を定める新管理方式（New Management Procedure，略号NMP）を導入した．しかし推定も科学者間の合意も困難な未知パラメータを含むこの方式による管理はわずか10年で挫折し，1985年に商業捕鯨のモラトリアム（一時的禁漁）に至る．その後，IWCの諮問を受けた科学小委員会（Scientific Committee，略号SC）で改定管理方式RMP（International

Whaling Commission, 1994a) の開発が進められた．

RMP は NMP の失敗を踏まえて，資源動態モデルの簡素化や用いるデータの種類の単純化を進めることになった．その結果，用いるデータは過去の年間捕獲頭数と資源量推定値（CV（変動係数）も含む）だけに集約された．この少ない情報だけでは，さまざまな不測の事態にうまく対応できない可能性がある．そこで，安全に管理できるようにするため，捕獲限度量の計算方式，資源量推定の精度，調査の頻度，系群の混合，自然増加率，環境の激変などの条件をいろいろ変えた，少なくとも 500 種類以上のシナリオが作られた．このすべてのシナリオそれぞれについて，シミュレーション実験を行い，安全に管理できる方法が選ばれた（田中，1998）．

完成された RMP は予防的取組み（precautional approach（Anon, 1995））となった．誤って乱獲してしまった後ではなかなか資源は回復しない．そこで RMP では安全性を確保するため情報がないときは少なめに捕獲限度量を設定する「予防的取組み」方式を採用している．たとえば目視調査の努力量が十分でなく資源量推定値の CV が大きいとき，あるいは系群の境界がはっきりしないときなど，捕獲限度量は小さく設定される．

RMP は商業捕鯨でヒゲクジラ類資源が捕獲される場合の管理に用いることを目的に開発されたものであり，社会性をもつハクジラ類および原住民生存捕鯨の場合を対象にはしていない．原住民生存捕鯨の管理方式は商業捕鯨と異なる考え方で開発された．大西洋のミンククジラを商業捕鯨と原住民生存捕鯨で開発するという矛盾もあるがここでは深入りしないことにする．

4・1　改定管理方式（RMP）における管理の手順

一般に水産資源を管理するための規制手段には体長制限・漁期漁場・隻数制限・漁船規模・漁獲量など様々な手段があるが，RMP では年間の海区別捕獲限度量を制限する方法を採用している．もちろん捕獲限度量は鯨種別で科学調査や混獲も含まれるが，他の規制手段を基本的には採用していない．その理由として，捕獲限度量さえ十分に安全な範囲内に抑えておけば資源は枯渇しないこと，頭数は監視しやすいこと，捕鯨の漁期は濃密な分布が形成され効率よく捕獲できる摂食期（夏期）に決まっていること，同一鯨種であれば大きい個体が捕獲されがちであることなどがあげられる．また海区別に設定する理由は，それぞれの海区から少量の捕獲を行っていれば，特定の系群だけを捕獲するリスクを軽

減できるからである．

　RMPにおける海区別捕獲限度量の設定方法は以下のようである．まず対象鯨種の系群が分布する海洋を1つ以上の海区に区分する．次に捕獲限度量算出アルゴリズム（Catch Limit Algorithm，略号CLA）を海区別に用い，海区別限度量の基礎数値を計算する．海区別限度量による管理が正しく機能するようにするために，必要に応じてこの海区別基礎数値に補正を加えた値が最終的な海区別捕獲限度量となる．その補正計算が小海区配分や段階的廃止規則などである．

4・2　管理海区の定義

　ヒゲクジラにもいろいろなケースがあるので，海区もいくつかの定義（International Whaling Commission，1994a）がある．海区は地域（Regions），大海区（Large Areas），中海区（Medium Areas），連結海区（Combination Areas），小海区（Small Areas），残余海区（Residual Areas）で，これらを管理海区（Management Area）と名づけている．

　地域は通常太平洋やインド洋などの大洋で資源の交流があるときはその結合水域となる．小海区は十分に小さく単一の系群のみが分布する水域，または複数系群が分布するがそれらはよく混合して選択的には捕獲できないような小さな水域である．中海区は地理的に分離した1つの系群全体を覆うと思われる水域，連結海区は資源頭数比例方式で捕獲頭数の配分が行われる小海区の連結，大海区（通常地域である）は1つの地域を2つ以上の水域に分けたときその水域間で系群の交流がない水域，残余海区は地域のうち管理海区の定義がない水域，と定義される．

　海域の定義でもっとも簡単と考えられる例はホッキョククジラのように太平洋に1系群というケースで，この場合は大海区＝中海区＝連結海区＝小海区となる．南極海のクロミンククジラは6系群が分布していると考えられており，ほぼ南緯60度以南で経度10度のセクターが小海区，経度平均60度のセクターが中海区と定義され，大海区の定義はない（International Whaling Commission，1994b）（図8）．

　年間捕獲限度量は小海区別に設定される．上記のその他の海区は小海区配分の計算のときに利用されるので，小海区以外の定義がいつも必要なわけではない．また後述するように具体的な鯨種別の管理海区の区分はその保存管理が正しく機能するように設定する必要があり，そのために数々のシミュレーション実験

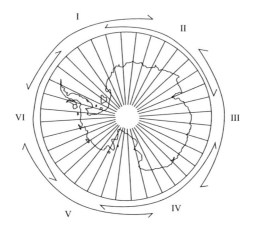

図8 RMPにおける南極海のクロミンククジラの管理海区

によって安全性が確認された後に合意される．したがって管理海区は海区の変更を要することが確実に示される情報でもない限り変更されない．

4・3 CLA（捕獲限度量算出アルゴリズム）

CLAの計算に直接用いられるデータは小海区の資源量推定値とその変動係数（CV）および同海区内の過去の年間捕獲頭数だけである（International Whaling Commission, 1994a）．要求されるデータが少ないだけにその品質には厳しい条件がつけられている．たとえば資源量推定のための調査はIWCで定められた目視調査指針（International Whaling Commission, 1995）に適合するもの以外は認められず，もちろん推定値も採用されない．資源量推定値がないところは一頭もいないものとして扱われ，捕獲限度量はゼロとなる．CLAは小海区の他に中海区などにも適用されるがその場合対応する海区の資源量推定値とその変動係数（CV）および過去の捕獲頭数を用いる．

CLAでは計算対象海区内の資源は独立した系群と見なして計算を行う．計算に用いられる資源動態モデル（International Whaling Commission, 1994a）はPella and Tomlinson型の再生産曲線を用いたものである．算出される捕獲限度量は資源が初期資源に近いときはNMPの捕獲頭数と比較して多いが，初期資源の75％以下ではそれより少なく保護的である（図9）．

捕獲限度量はベイズ統計学的方法で推定される．通常のベイズ統計学と異な

る点は，尤度そのものを用いずに，その1/16乗を用いている点である．16個のデータでもって通常の1個分のデータという扱いであり，事前分布がかなり効いている方法である．広い水域に分布する鯨類の資源調査は1回の全域調査に数年以上かかるという現実があり，その点から見ても事前分布が大きな役割を演じていると言えよう．

資源の純増加率であるMSY率も1%から4%の一様分布であり，平均純増加率は年率2.5%と，低めに設定されている．また資源の枯渇率の事前分布は0から1の一様分布に設定されており，過去に1頭の捕獲がなくても平均枯渇率は0.5であり，図9を見ればわかるように事前情報だけでは捕獲限度量＝0となる．このように事前情報自体

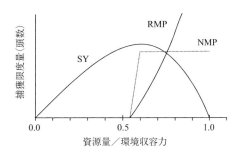

図9　RMPとNMPの捕獲限度量

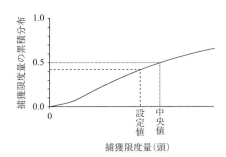

図10　CLAで設定される捕獲限度量
　　　普通は50%点のときの中央値を用いるが安全性を確保するために41%点の値が用いられている．

がかなり保護的な設定になっており，捕獲限度量が少なめに算出されるように設計されている．

科学的な統計的推定を用いているので資源の枯渇率も推定値であり，したがって捕獲限度量にも確率分布がある．CLAでは捕獲限度量も中央値が出力されるのではなく，41%点という中央値より小さな捕獲限度量が出力される（図10）．この点でも保護的な捕獲頭数が算出されている．またこの41%点の値は資源量推定値のCVが小さいほど50%点の値に近いから，捕獲限度量は大きくなる（図11）．なおCLAを試験的に単一系群という条件で運用してみると，図11に示されているようにCV = 0.2～0.3では推定資源量の0.5%程度の捕獲限度量が算出されることが多く，少なくとも1%以上の自然増加率はあるだろうと考えられて

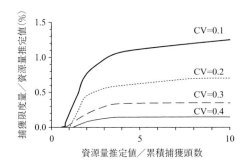

図11 RMPの(捕獲限度量／資源量推定値)と(資源量推定値／累積捕獲頭数)の関係

いるヒゲクジラ類ならば相当に安全な範囲と考えられる．このCLAにさらなる安全策としての小海区配分が加えられている．

4・4 小海区配分・段階的廃止規則など

上述したように捕獲頭数は小海区別に設定されるが，その方法は小海区方式，最小捕獲頭数方式(Catch-Capping)，資源頭数比例方式(Catch-Cascading)の3通りある(International Whaling Commission, 1994a)．小海区方式は小海区別にCLAを適用し計算された捕獲頭数を直接捕獲頭数とする方式である．最小捕獲頭数方式は小海区別CLAの合計捕獲頭数，中海区別CLAの合計捕獲頭数，および大海区別CLAの捕獲頭数の3つを比較し，その最も小さい捕獲頭数を選択し，それを小海区別CLAの捕獲頭数の比率で再配分し，最終的な捕獲頭数とする方法である．もし小海区別CLAの合計捕獲頭数が最小であれば小海区方式と同じ捕獲頭数となる．資源頭数比例方式は連結海区にCLAを適用しその捕獲頭数を連結海区の小海区に配分する方法で，その配分には分散などで加重された資源量推定値の比率などが用いられる．

　この3つの方法の1つを選ぶべきかまたは組み合わせて適用するかなども，管理海区の設定と同様に鯨類の保存管理に関わる問題であり，シミュレーション実験で安全性が確認された後に定められる．

　このような再配分が必要なのはもちろんCLAだけでは管理がうまくいかないからである．RMPの開発はコンピューターを駆使してさまざまな状況を数値的に再現するシミュレーション法を中心として行われてきた．その過程で管理が最も困難と判断されたのは複数の系群があってその地理的境界がはっきりしないケースであった．たとえば系群判別の情報が不完全でその識別ができていないが，個体数がかなり異なる2つの系群があって，両者がある狭い海域で分布が重なっていたとしよう．管理する側が1系群として認識したとするとこの水域全体が小海区になり，その中ではどこで捕獲してもよい．この状況でもし2系群が出現する海域でのみ捕獲が集中すると，小さい個体数の系群はたちまち枯

渇する．

　そこで海区を分けることの重要性が認識され，資源量比例方式は複数の系群が混在する水域であっても水域内の比率と同じ比率で捕獲が行われれば，大きな危険はないと期待される．小海区に2つの定義があるが資源量比例方式で用いられる定義は後者である．小海区方式も初めから海区内を1系群として扱っておけば安全であろうと期待される．小海区方式の1つの欠点を補正する方式が最小捕獲頭数方式である．資源量が大きい小海区から順番に集中的に調査し捕獲頭数を得る行為を繰り返すことが起きないように予防する狙いがある．

　いずれにしてもこの管理海区が実態に合うように正しく定義されなければ資源の枯渇は起こってしまうわけであるから，RMPにおけるこの管理海区の定義が基本的に重要な役割を演じていると言えよう．

　次に，RMPでは5年おきに資源量などの再評価を行うことになっており，捕獲限度量も5年間据え置きである．しかし8年を超えて新しい資源評価が行われなかった場合初年度の20％ずつ捕獲限度量が削減され13年目には0になる規則があり，段階的廃止規則（phase-out rule）と呼ばれている．この規則によって，捕獲する側は調査が義務づけられる形になるが，それが資源の安全性に寄与することになる．この他に状況に応じて，雌鯨ばかり捕獲しないように捕獲された鯨の性比が50％超えた場合捕獲を中止する方式や，回遊性の鯨では小海区内の来遊量の変動が大きく捕獲限度量の取り残しが出ることがあるので，捕獲する側に配慮しそれを翌年に繰り越せる繰り越し制度（carry over）を導入することもある．

4・5　RMP実行の手続き

　個別の鯨資源に適用するときには，それぞれの特性を考慮して管理海区を定義し，小海区配分方式を選択する．それには数々のシミュレーション・トライアルを実行して安全性を確認してから決められる．シミュレーションのために，現状資源水準，資源量推定の精度，調査の頻度，系群の混合，自然増加率，自然死亡率などの補助情報を用いて作業仮説を作り，対象となる鯨種の資源動態の将来を描く数値モデルを作る．CLA自体は資源量と過去の捕獲頭数だけでよかったが，この作業には対象鯨種の生物特性の情報が必要である．複数系群が混在する水域があるか否かなどは海区の定義に不可欠な情報であり，自然増加率や死亡率などは将来の資源回復や維持が見込まれるか否かを見積もるときに必要になる．

それがなければ，可能性がありそうな数値や仮説でもって代用するしかないが，言うまでもなく系群情報が欠落しているときは海域の細分化が安全策になる．

次にシミュレーション・モデルを用いて，いくつかの管理海区と小海区配分方式の組み合わせ案の性能を比較し選択を行う．性能を比較するための評価項目は，100年後の資源量，100年間の最低資源量，捕獲頭数などである．このうち100年間の最低資源量は保護という観点からかなり重視され，現実性があるか否かに係わらずクジラにとって最悪であるシナリオでも安全であることが要求される．

南極海のクロミンククジラでは相当に調査データが豊富であり，増加率も少なくとも3〜4%はあろうといわれているにもかかわらず，RMPでの捕獲限度量は年間平均約2千頭で資源量推定値76万頭のわずか0.26％と超予防的である．鯨類資源の保存は万全である．

引用文献

Anon. 1995. Precautional approach to fisheries, Part 1. *FAO Tech.Pap.*, 350/1:1-52.

Butterworth, DS., Punt, AE., Geromont, HF, Kato, H., Fujise, Y. 1999. Inference on the dynamics of Southern hemisphere minke whales from ADAPT analyses of catch-at age information. *J.Cetacean Res.Manage.*, 1: 11-32.

de la Mare, W. 1989. The models used in the Hitter and Fitter program. *Rep. int. Whal. Commn*, 39: 150-151.

International Whaling Commission. 1991. Report of the sub-committee on Southern Hemisphere minke whales. *Rep. int. Whal. Commn*, 40: 113-131.

International Whaling Commission 1994a. The Revised Management Procedure (RMP) for Baleen Whales, *Rep.int. Whal. Commn*, 44: 145-167.

International Whaling Commission. 1994b. Guidelines for Conducting Surveys and Analysing Data Within the Revised Management Scheme, *Rep. int. Whal. Commn*, 44: 168-174.

International Whaling Commission. 1995. Guidelines for Data Collection and Analysis under the Revised Management Scheme (RMS) Other than those Required as Direct Input *for the Catch Limit Algorithm* (CLA), *Rep. int. Whal. Commn*, 45: 215-217.

Lockyer, C. 1972. The age at sexual maturity of the southern fin whale (*Baraenoptera physalus*) using annual layers counts in the ear plug. *J. Cons. int. Explor. Mer.*, 34(2): 276-294.

宮崎信之・粕谷俊雄（編）.1990.海の哺乳動物，サイエンティスト社, pp.80-127.

Nishiwaki, M., Ohsumi, S., Hibiya,T. 1958. Age study of sperm whale based on reading of tooth laminations. *Scient. Rep. Whales Res. Inst.*, 13, 135-153.

大隅清治 1974. クジラの資源について．「資源生物論」，東京大学出版会, pp. 138-146.

Ohsumi, S., Nishiwaki, M., Hibiya, T. 1958. Growth of fin whale in the North Pacific. *Scient. Rep. Whales Res. Inst.*, 13: 135-153.

シュライバー, E. J. 1965. 鯨. 東京大学出版会, 426pp.

田中昌一 1998. RMPについて．水産資源管理談話会報, 19: 3-16.

銭谷亮子 2005. 南極海鯨類捕獲調査（JARPA）における生物学的特性値の推定．鯨研通信, 427:11-17.

参考文献

Aguilar, A. 1987. Using organochlorine pollutants to discriminate marine mammal populations: a review and critique of the methods. *Mar. Mamm. Sci.*, 3: 242-262.

Aguilar, A. and Borrell, A. 1995. Pollution and harbour poises in the eastern North Atlantic: a review. *Rep. int. Whal. Commn.* (Special Issue 16) : 231-242.

Ainley, D.G., Fraser, W.R., Sullivan, C.W., Torres, I.J., Hopkins, T.L., and Smith, W.O. Jr. 1986. Antarctic mesopelagic micronecton: evidence from seabirds that pack ice affects community structure. *Science*, 232: 847-9.

赤松友成　1996. イルカはなぜ鳴くのか. 文一総合出版. 東京.

Allee, W.C. 1931. Animal Aggregation. Univ. of Chicago Press. 431p.

Árnason, Ú. and Gullberg, A. 1994. Relationship of baleen whales established by cytochrome b gene sequence comparison. *Nature*, 367: 726-728.

Backer, C.S., Florez-Gonzales, L., Rosenbaum, H.C. and Bannister, J. 1995. Molecular genetic identification of sex and stock structure among humpback whales of the southern hemisphere. Final report to the International Whaling Commission, April, 1995 (paper SC/47/SH1 submitted to the IWC Scientific Committee meeting) .

Baker, C.S. and Herman, L.M. 1984. Aggressive behavior between humpback whales (*Megaptera novaeangliae*) on the Hawaiian wintering grounds. *Can. J. Zool.*, 62: 1922-1937.

Baker, C.S., Gilbert, D.A., Weinrich, M.T., Lambertsen, R., Calambokidis, J., McArdle, B., Chambers, G.K. and O'Brien, S.J. 1993. Population characteristics of DNA fingerprints in humpback whales (*Megaptera novaeangliae*) . *J. Heredity*, 84: 281-190.

Baker, C.S., Herman, L.M., Perry, A., Lawton, W.S., Straley, J.M., Wolman, A.A., Kaufman, G.D., Winn, H.E., Hall, J.D., Reinke, J.M. and Ostman, J. 1986. Migratory movement and population structure of humpback whales (*Megaptera novaeangliae*) in the central and eastern North Pacific. *Mar. Ecol. Prog. Ser.*, 31: 105-119.

Bannister, J.L. 1994. Continued increase in humpback whales off Western Australia. *Rep. int. Whal. Commn.*, 26: 247-263.

Bannister, J.L. and Gambell, R. 1965. The succession and abundance of fin, sei and other whales off Durban. *Norsk Hvalfangstiid*, 54: 45-60.

Baraff, L.S., Clapman, P.J., Mattila, D.K., and Bowman, R.S. 1991. Feeding behavior of a humpback whale in low-latitude waters. *Mar. Mamm. Sci.*, 7: 197-201.

Barnes, L.G. 1977. Outline of eastern North Pacific fossil cetacean assemblages. *Syst. Zool.*, 25: 321-343.

Barnes, L.G., Domning, D. and Ray, C. 1985. Status of studies on fossil marine mammals. *Mar. Mammal Sci.*, 1: 15-53.

Barnes, L.G., and Mitchell, E.D. 1978. Cetacea. In: *Evolution of African mammals*. Maglio, V.J. and Cooke, H.B.S. (eds.) . Harvard University Press, Cambridge, MA, pp.582-602.

Baumgartner, M.F. 1997. The distribution of Risso's dolphin (*Grampus cruiseus*) with respect to the physiography of the Northeastern Gulf of Mexico. *Mar. Mamm. Sci.*, 13: 614-638.

Beddington, J.R. and May, R.M. 1982. The harvesting of interacting species in a natural ecosystem. *Sci. Amer. Nov.*, 1982, 1-8.

Bengston, J.L. and Laws, R.M. 1985. Trends in crabeater seal age at maturity: an Insight into Antarctic marine interactions, In: *Antarctic nutrient cycles and food webs*, Siegfried, W.R., Condy, P.R. and Laws, R.M. (eds.) . Springer-Verlag, Berlin, pp.669-675.

Benjaminsen, T. and Chiristensen, I. 1979. The natural history of bottlenose whale *Hyperoodon ampullatus*. In: *Behavior of Marine Animals, Vol. 3: Cetaceans*. Winn, H.E. and Olla, B.L. (eds.) . Plenum Press, New York. pp.143-164.

Bergman, A. and Olsson, M. 1985. Pathology of Baltic ringed seal and grey seal females with special reference to adrenocortical hyperplasia: is environmental pollution the cause of a widely distributed disease syndrome? *Finnish Game Research*, 44: 47-62.

Berta, A. 1994. What is a whale? *Science*, 263: 180-181.

Best, P.B. 1977. Two allopathic forms of Bryde's whale off South Africa. *Rep. int. Whal. Commn.* (Special Issue 1) : 10-34.

─────・ 1979. Social organization in sperm whales, *Physeter macrocephalus*. In: *Behavior of marine animals. Vol. 3: Cetaceans*. Winn, H.E. and Olla, B.L. (eds.) . Plemnu press, New York, pp.227-289.

─────・ 1981. The status of right whales (*Eubalaena glacialis*) off South Africa, 1969-1979. *Investl. Rep. Sea Fish. Inst. S. Afr.*, 123: 1-44.

─────・ 1982. Seasonal abundance, feeding, reproduction, age and growth in minke whales off Durban (with incidental observations from the Antarctic) . *Rep. int. Whal. Commn.*, 32: 759-86.

─────・ 1995. Whale watching in South Africa. The southern right whale. Mammal Research Institute, University of Pretoria. Pretoria South Africa. 29pp.

Best, P.B. and Butterworth, D.S. 1980. Report of the southern hemisphere minke whale assessment cruise, 1978/79. *Rep. int. Whal. Commn.*, 30: 257-283.

Best, P.B., Payne, R., Rowntree, V., Palazzo, J.T. and Both, M.C. 1993. Long-range movements of South Atlantic right whales *Eubalaena australis. Mar. Mamm. Sci.*, 9: 227-234.

Best, P.B. and Schell, D.M. 1996. Stable isotopes in southern right whale (*Eubalaena australis*) Baleen as indicators of seasonal movements, feeding and growth. *Mar. Biol.*, 124: 483-494.

Bigg, M.A., Plesiuk, P.F., Ellis, G.M., Ford, J.K.B. and Balcomb, K.C. 1990. Social organization and genealogy of resident killer whales (*Orcinus orca*) in the coastal waters of British Columbia and Washington State. *Rep. int. Whal. Commn.* (Special Issue 12) : 383-405.

Bough, A.S. 1973. Ecology of Populations, 2nd Edition. The Macmilan Co. New York.

Brager, S. 1993. Diurnal and seasonal behavior patterns of bottlenose dolphins (*Tursiops truncates*) . *Mar. Mamm. Sci.*, 9: 43 r.J. ed. 4-438.

Brodie, P.F. 1975. Cetacean energetics, an overview of interspecific size variation. *Ecology*, 56, 152-161. Vol. 3, Harrison.

─────・ 1977. Form, function and energetics of Cetacea: a discussion. In: *Functional Anatomy of Marine Mammals, Vol. 3*, Harrison, R.J. (ed.) . Academic Press, pp.45-56.

Brown, S.G. 1962. A note on migration in fin whales. *Norsk Hvalfangst-Tidende*, 51: 13-16.

─────・ 1962. The movement of fin and blue whales within the Antarctic zone. *Discovery Rep.*, 33: 1-54.

Brown, S.G. and Lockyer, C.H. 1984. Whales. In: Antarctic Ecology, Vol. 2, Laws R.M. (ed.) . Academic Press, London, pp.717-781.

Brownell, R.L. and Ralls, K. 1986. Potential for sperm competition in baleen whales. *Rep. int. Whal. Commn.* (Special Issue 8) : 97-112.

Bruce, R.M. and Harvey, T. 1984. Ocean movements of radio-tagged gray whales. In: *The Gray Whale Eschrichtius robustus*. Jones, M.L., Swarts, S.L. and Leatherwood S. (eds.) . Academic Press, London. pp.577-589.

Buckland, S.T. 1985. Perpendicular distance models for line transect sampling. *Biometrics*, 41: 177-195.

Buckland, S.T., Anderson, D.R., Burnham, D.P., and Laake, J.L. 1993. Distance sampling, estimating abundance of biological populations. Chapman & Hall, London, 446p.

Buckland, S.T. and Duff, E.I. 1989. Analysis of the southern hemisphere minke whale mark-recovery data.

Rep. int. Whal. Commn. (Special Issue 11): 121-143.

Burnham, K.P., Anderson, D.E. and Laake, J.L. 1980. Estimation of density from line transect sampling of biological populations. *Wild. Monogr.*, 44: 1-202.

Bushuev, S.G. 1986. Feeding of minke whales, *Balaenoptera acutorostrata*, in the Antarctic. *Rep. int. Whal. Commn.*, 36: 241-245.

Calambokidis, J., Steiger, G.H., Straley, J.M., Quinn II, T.J., Herman, L.M., Cerchio, S., Salden, D.R., Yamaguchi, M., Sato, F., Urban, J., Jacobsem, J., von Ziegesar, O., Balcomb, K.C., Gabriele, C.M., Dahlheim, M.E., Higashi, N., Uchida, S., Ford, J.K.B., Miyamura, Y., Guevara, P.L., Mizroch, S.A., Schlender, L. and Rasmussen, K. 1997. Abundance and population structure of humpback whales in the North Pacific basin. Final report submitted to Southwest Fisheries Science Center, November 1997.

Chapman, D.G. 1951. Some properties of the hypergeometric distribution with applications to zoological sensuses. *Univ. California Publ. in Statistics*, 1: 131-160.

Chittleborough, R.G. 1958. Breeding cycle of the female humpback whale, *Megaptera nodosa* (Bonnaterre). *Aust. J. mar. Freshwat. Res.*, 9: 1-18.

─────. 1959. Dynamics of two populations of the humpback whale, *Megaptera novaeangliae* (Borowski). *Aust. J. Mar. Freshwat. Res.*, 16: 33-128.

─────. 1962. Australian marking of humpback whales. *Norsk Hvalfangst-Tidende*, 48: 47-55.

Clapham, P.J. 1993. Social organization of humpback whales on a North Atlantic feeding ground. *Marine Mammals, Symp. Zool. Soc. Loond.*, 66: 131-145.

Clapham, P.J. and Mattila, D.K. 1990. Humpback whale songs as indicator of migration routes. *Mar. Mamm. Sci.*, 6: 155-160.

Clark, C.W. and Clark, J.M. 1980. Sound playback experiments with southern right whales (*Eubalaena australis*). *Science*, 207: 663-665.

Clark, C.W. 1983. Acoustic communication and behaviour of the southern right whale (*Eubalaena australis*). In: *Communication and behavior of whales*. Payne, R. (ed.). Westview Press, pp.163-198.

Cocchio, L.A., Rodgers, D.W. and Beamish, F.W.H. 1995. Effects of water chemistry and temperature on radiocesium dynamics in rainbow trout, *Onchorhynchus mykiss. Can. J. Fish. Aquat. Sci.*, 52: 607-613.

Connell, J.H. 1961. The influence of interspecific competition and other factors on the distribution of the barnacle *Chthamalus stellatus. Ecology*, 42: 710-723.

─────. 1983. On the prevalence and relative importance of interspecific competition: evidence from field experiments. *Am. Nat.*, 122: 661-696.

Croxall, J.P. 1992. Southern Ocean environmental changes - effects on seabird, seal and whale populations. *Philos. Trans. R. Soc. Lond. B* (Biol. Sci.), 338: 319-328.

Darling, J.D. 1983. Migrations, abundance and behavior of Hawaiian humpback whales, *Megaptera novaeangliae* (Borowski). PhD thesis, Univ. of Calif. Santa Cruz California.

Darling, J.D. and Cerchio, S. 1993. Movement of a humpback whale (*Megaptera novaeangliae*) between Japan and Hawaii. *Mar. Mamm. Sci.*, 9: 84-89.

Darling, J.D., Calambokidis, J., Balcomb, K.C., Bloedel, P., Flynn, K., Mochizuki, A., Mori, K., Sato, F., Suganuma, H. and Yamamoto, M. 1996. Movement of a humpback whale (*Megaptera novaeangliae*) from Japan to British Columbia and return. *Mar. Mamm. Sci.*, 12: 281-287.

Darling, J.C. and Mori, K. 1993. Recent observations of humpback whales (*Megaptera novaeangliae*) in Japanese waters off Ogasawara and Okinawa. *Can. J. Zool.*, 71: 325-333.

Davies, J.L. 1963. The antitropical factor in cetacean specification. *Evol.*, 17: 107-116.

Davis, J.J. and R.F. Foster. 1958. Bioaccumulation of radioisotopes through aquatic food chains. *Ecology*, 39: 530-535.

De Guise, S., Martineau, D., Beland, P. and Fournier, M. 1995. Possible mechanisms of action of environmental contaminants on St. Lawrence beluga whales (*Delphinapterus leucas*). *Environmental Health Perspectives*, 103: (Supplement 4) : 73-77.

DeLong, R.L., Gilmartin, W.G. and Simpson, J.G. 1973. Premature births in Californian sea lions: association with high organochlorine pollutant residue levels. *Science*, 181: 1168-1170.

Doi, T., Kasamatsu, F. and Nakano, T. 1982. A simulation study on sighting survey of minke whales in the Antarctic. *Rep. int. Whal. Commn.*, 32: 919-928.

——— · 1983. Further simulation studies on sighting by introducing both concentration of sighting effort by angle and aggregations of minke whales in the Antarctic. *Rep. int. Whal. Commn.*, 33: 403-412.

Dawbin, W.H. 1966. The seasonal migraty cycle of humpback whales. In. *Whales, Dolphins and Porpoises*. Norris, K.S. (ed.). Univ. California Press, Los Angeles, pp.145-169.

Eggers, D.E. 1977. Factors in interpreting data obtained by diet sampling of fish stomachs. *J. Fish. Res. Board Can.*, 34: 290-294. 1977.

Eicken, H. 1992. The role of sea ice in structuring Antarctic ecosystems. *Polar. Biol.*, 12: 3-13.

Elliott, J.M., and Persson, L. 1978. The estimation of daily rates of food consumption for fish. *J. Anim. Ecol.*, 47: 977-991.

Elton, C. 1927. Animal Ecology. MacMillan, New York.

Estes, J.A., Tinker, M.T., Williams, T.M. and Doak, D.F. 1998. Killer whale predation on sea otter linling oceanic and nearshore ecosystem. *Science*, 282: 473-476.

Evans, P.G.H. 1987. The natural history of whales & dolphins. Christopher Helm. London. 343pp.

Evans, W.E. and Awbrey, F.T. 1987. Natural history aspects of marine mammal echolocation: feeding strategies and habitat. In: *Animal Sonar*. Nachtigall, P.E. and Moore, P.W.B. (eds.). Plenum Press, New York, pp.521-534.

Everitt, R.D. and Krogman, B. 1979. Sexual behavior of bowhead whales observed off the north coast of Alaska. *Arctic*, 32: 277-280.

Everson, I. 1984. Marine interactions. In: *Antarctic Ecology*. Vol. 2, Laws, R.W. (ed.). Academic Press, London, pp.783-819.

Fiedler P.C., Reilly, S.B., Hewitt, R.P., Demer, D., Philbrick, V.A., Smith, S., Armstrong, W., Croll, D.A., Tershy, B. and Mate, B.R. 1998. Blue whale habitat and prey in the California Channel Islands. *Deep-Sea Res. II*, 45: 1781-1801.

Flower, W.H. 1883. On whales, present and past and their probable origin. *Proc. Zool. Soc. Lond.*, 1883: 466-513.

Fordyce, R.E. 1977. The development of the circum-Antarctic current and the evolution of the Mysticeti (Mammalia: Cetacea). *Paleogeography, Paleoclimatology, Paleoecology*, 21: 265-271.

——— · 1988. Evolution. In: *Whales dolphins and porpoises*. R. Harrison and Bryden, M.M. (eds.). Facts on Files Publ. New York. pp.14-23.

Forseth, T., Jonsson, B., Naeumann, R. and Ugedal, O. : Radioisotope Method for Estimating Food Consumption by Brown Trout (*Salmo trutta*). *Can. J. Fish. Aquat. Sci.*, 49: 1328-1335. 1992.

Fry, B. 1988. Food web structure on Georges Bank from stable C, N, and S isotopic composition. *Limmnol. Oceanogr.* 33: 1182-1190.

Fujise, Y. and Kishino, H. 1994. Patterns of segregation of minke whales in Antarctic Areas IV and V as revealed by a logistic regression model. SC / 46 / SH11 Paper presented the IWC Scientific Committee meeting.

Gaskin, D.E. 1982. The Ecology of Whales and Dolphins. Heineman, London and Exeter. 459pp. （大隅清治訳，鯨とイルカの生態，東京大学出版会，1984年）．

Gause, G.F. 1932. Experimental studies on the struggle for existence. I. Mixed population of two species of yeast. *J. Exp. Biol.*, 9: 389-402.

Gendoron, D. and Urban, J. 1993. Evidence of feeding by humpback whales, *Megaptera novaeangliae*, in the Baja California breeding ground, Mexico. *Mar. Mamm. Sci.*, 9: 76-81.

Gilpin M, Case T., and Bender, E.A. 1982. Counterintuitive oscillations in systems of competition and mutualism. *Am. Nat.*, 119: 584-588.

Gingerich, P.D., Raza, S.M., Arif, M., Anwar M. and Zhou, X. 1994. New whale from the Eocene of Pakistan and the origin of cetacean swimming. *Nature*, 368: 844-847.

Gloersen, P. and Campbell, W.J. 1991. Recent variations in Arctic and Antarctic sea-ice covers. *Nature*, 373: 503-506.

Goto, M. and Pastene, L.A. 1997. Population structure of the Western North Pacific minke whale based on an RFLP analysis of the mtDNA control region. *Rep. int. Whal. Commn.*, 47: 531-537.

Gu, B., Schell, D.M. and Alexander, V. 1994. Stable carbon and nitrogen isotopic analysis of the plankton food web in a subarctic lake. *Can. J. Fish. Aquat. Sci.*, 51: 1338-1344.

Guinee, L.N., chu, K. and Dorsey, E.M. 1983. Changes over time in the songs of known individual humpback whales (*Megaptera novaeangliae*). In: *Communication and behavior of whales*. Payne, R. (ed.). AAAS selected Symp. Ser. Westview Press, Boulder. pp.59-80.

Hain, J.W.H., Ellis, S.L., Kenney, R.D., Clapham P.J., Gray, B.K., Wenrich, M.T. and Babb, I.G. 1995. Apparent bottom feeding by humpback whales on Stellwagen Bank. *Mam. Mamm. Sci.*, 11: 464-479.

Hammond, P.S. 1986a. On the post-stratification of sighting data from the 1978/79-1982/83 IWC/IDCR southern hemisphere minke whale assessment cruises and survey design for future cruises. *Rep. int. Whal. Commn.*, 36: 225-238.

―――. 1986b. Estimating the size of naturally marked whale populations using capture-recapture techniques. *Rep. int. Whal. Commn.* (Special Issue 8): 253-282.

Hasanen, E., S.E. Kolehmainen and J. Mietinen: Biological half-times of ^{137}Cs and ^{22}Na in different species and their temperature dependence, in "Proceeding of First International Congress of Radiation Protection", Pergamon Press, London, 1968, pp.401-406. 1968.

長谷川政美・足立淳 1996. 哺乳類の系統進化. 科学.

長谷川政美・岸野洋久 1996. 分子系統学. 岩波書店. 257p.

畑中正吉 1977. 総論. 海の生物群集と生産. 恒星社厚生閣.

Helle, E. 1980. Lowered reproductive capacity in female ringed seals (*Phoca hispida*) in the Bothnian Bay, northern Baltic Sea, with special reference to uterine occlusions. *Ann. Zoologica Fennica*, 17: 147-263.

Helle, E., Olsson, M., and Jensen, S. 1976. PCB levels correlated with pathological changes in seal uteri. *Ambio*, 5: 261-263.

Heyning, J.E. and Mead, J.G. 1996. Suction feeding in beaked whale; morphological and observational evidence. *Contribution in Science* 464: 12.

Hiby, A.R. and Hammond, P.S. 1989. Survey techniques for estimating abundance of cetaceans. *Rep. int. Whal. Commn.* (Special Issue 11): 47-80.

平本紀久雄 1991. 私はイワシの予報官. 草思社. 東京. 277p.

Hobson, K.A. and Schell, D.M. 1998. Stable carbon and nitrogen isotope patterns in baleen from eastern Arctic bowhead whales (*Balaena nysticetus*). *Can. J. Fish. Aquat. Sci.*, 55: 2601-2607.

Hobson, K.A. and Welch, H.E. 1992. Determination of trophic relationships within a high Arctic marine food web using δ^{13}C and δ^{15}N analysis. *Mar. Ecol. Prog. Ser.*, 84: 9-18.

Hoelzel, A.R. and Dover, G.A. 1989. Molecular techniques for examining genetic variation and stock identity in cetacean species. *Rep. int. Whal. Commn.* (Special Issue 11): 81-120.

Holt, S.J., de la Mare, W.K. and van Beek, J.G. 1982. A review of information available for the assessment of minke whales in Area II. *Rep. int. Whal. Commn.*, 32: 717-721.

一井太郎 1999. 夏季のサウスシェットランド諸島における海洋環境, 餌生物 (ナンキョクオキアミ・ハダカイワシ類) および高次捕食者の時空間パターンに関する研究. 総合研究大学院大学数物科学研究科極域科学専攻学位論文. 111p.

Ichii, T., Katayama, M., Obitsu, N., Ishii, H. and Naganobu, M. 1998. Occurrence of Antarctic krill (*Euphausia superpa*) concentrations in the vicinity of the South Shetland Islands: relashipnship to environmental parameters. *Deep-Sea Res.* 45: 1235-1262.

Institute of Cetacean Research 1999. Estimation of total food consumption by cetaceans in the world's oceans, by T. Tamura and S. Ohsumi. March, 1999, 16pp.

International Whaling Commission 1990. Report of the Scientific Committee. *Rep. int. Whal. Commn.*, 40: 39-182.

International Whaling Commission 1990. Report of the Scientific Committee. *Rep. int. Whal. Commn.*, 41: 51-222.

International Whaling Commission 1992. Report of the Scientific Committee. *Rep. int. Whal. Commn.*, 42: 51-334.

International Whaling Commission 1998. Report of the Scientific Committee. *J. Cetacean Res. Manage*, 1 (supplement): 1-284.

International Whaling Commission 1999. Report of the Scientific Committee. *J. Cetacean Res. Manage*, 2 (supplement): in press.

石川創 1999. 日本海の鯨類のストランディングレコード. 日本海セトロジー研究 9: 15-20.

─── 1994. 日本沿岸のストランディングレコード (1901〜1993). 鯨研叢書 No.6 日本鯨類研究所. 94pp.

伊藤嘉昭・法橋信彦・藤崎憲治 1980. 動物の個体群と群集. 東海大学出版会. 東京. 273p.

伊藤嘉昭・山村則男・嶋田正和 1992. 動物生態学. 蒼樹書房. 東京. 507p.

Iwao, S. 1968. A new regression method for analyzing the aggregation pattern in animal populations. *Res. Popul. Ecol.*, 10: 1-20.

巌俊一 1969. 分布集中度の回帰分析法. 個体群生態学会会報, 16: 1-16.

巌佐庸 1990. 数理生物学入門. HBJ 出版局. 東京, 352p.

Jennings, S., Renones, O., Morales-Nin, B., Polunin, N.V.C., Moranta, J. and Coll, J. 1997. Spatial variation in the ^{15}N and ^{13}C stable isotope composition of plants, invertebrates and fishes on Mediterranean reefs: implications for the study of trophic pathways. *Mar. Ecol. Prog. Ser.*, 146: 109-116.

Jones, M.L. and Swartz, S.L. 1984. Demography and phenology of gray whales and evaluation of whale-watching activities in Laguna San Ignacio, Baja California Sur, Mexico. In: *The Gray Whale*. Jones, M.L., Swartz, S.L. and Leatherwood, S. (eds.). Academic Press, New York.

笠原昊 1950. 日本近海の捕鯨業とその資源. 日本水産株式会社研究所報告第 4 号. 103pp + 付図 51pp.

笠松不二男 1991. 鯨類目視調査の実態と南半球産ミンククジラへの適用. 鯨類資源の研究と管理. 恒星社厚生閣.

笠松不二男・宮下富夫 1991. 鯨とイルカのフィールドガイド, 東京大学出版会, 148 頁.

笠松不二男 1993. 南極海に出現する鯨類資源の分布, 回遊および資源量に関する研究. 東京大学博士論文, 262pp.

─── 1996. 最近の放射性セシウムの濃度変化から示唆された新潟沖ホッケの摂食種変化. 水産海洋研究, 60: 227-236.

─── 1996. 南極海におけるクジラ資源の現状. 水産海洋研究, 60: 372-379.

―――・ 1999. 日本沿岸海産生物と放射能. 海洋と生物, 122 (Vol. 21, No.3), 2-11.
―――・ 1999a. 海産魚の栄養段階評価への放射性セシウムの摘要. 海洋生物環境研究所報告. 99101: 1-10.
―――・ 1999b. 海産生物と放射能－特に海産魚類中の ^{137}Cs 濃度に影響を与える要因について. *RADIOISOTOPES*, 48: 266-282.

Kasamatsu, F. and Ohsumi, S. 1981. Distribution pattern of minke whales in the Antarctic with Special Reference to the Sex Ratio in the Catch. *Rep. int. Whal. Commn.*, 31: 345-348.

Kasamatsu, F. and Miyashita, T. 1983. The abundance of minke whales in Mid-latitudinal Waters of the Southern Hemisphere in the Austral Summer. *Rep. int. Whal. Commn.*, 33: 373-377.

―――・ 1984. The abundance of minke whales in Area II between 55-60S. *Rep. int. Whal. Commn.*, 34: 339-344.

Kasamatsu, F. and Shimadzu, Y. 1985. Operating pattern of Antarctic minke whaling by the Japanese expedition in the 1983/84 season. *Rep. int. Whal. Commn.*, 35: 283-284.

Kasamatsu, F. and Hata, T. 1985. Notes on minke whales in the Okhotsk Sea-West Pacific stock of minke whale. *Rep. int. Whal. Commn.*, 35: 299-304.

Kasamatsu, F. and Ohsumi, S. 1985. Preliminary estimation of the summer abundance of sperm whales in waters adjacent to Japan, using sighting data. *Rep. int. Whal. Commn.*, 35: 217-219.

Kasamatsu, F., Nishiwaki, S. and Sato, M. 1986. Results of the test firing of improved .410 streamer marks, February 1985. *Rep. int. Whal. Commn.*, 36: 201-204.

Kasamatsu, F., Hembree, D., Joyce, G., Tsunoda, L., Rowlett, R. and Nakano, T. 1988. Distribution of cetacean sightings in the Antarctic: Results obtained from the IWC/IDCR minke whale assessment cruises, 1978/79 to 1983/84. *Rep. int. Whal. Commn.*, 38: 449-487.

Kasamatsu, F., Kishino, H. and Hiroyama, H. 1990. Estimation of the number of minke whale (*Balaenoptera acutorostrata*) Schools and individuals based on the 1987/88 Japanese feasibility study data. *Rep. int. Whal. Commn.*, 40: 239-247.

Kasamatsu, F., Iwata, S., and Nishiwaki, S. 1991. Development of biopsy skin sampling system for fast swimming whales in pelagic waters. *Rep. int. Whal. Commn.*, 41: 555-557.

Kasamatsu, F., Kishino, H. and Taga, Y. 1991. Estimation of southern minke whale abundance and school size composition based on the 1988/89 Japanese feasibility study data. *Rep. int. Whal. Commn.*, 41: 293-301.

Kasamatsu, F. and Tanaka, S. 1992. Annual changes in prey species of minke whales taken off Japan 1948-87. *Nippon Suisan Gakkaishi*, 58: 637-651.

Kasamatsu, F., Yamamoto, Y., Zenitani, R. Ishikawa, H., Ishibashi, T. Sato, H., Takashima, K. and Tanifuji, S. 1993. Report of the 1990/91 Southern Minke Whale Research Cruise Under Special Permit in Area V. *Rep. int. Whal. Commn.*, 43: 505-522.

Kasamatsu, F., Ueda, Y., Tomizawa, T., Nonaka, N. and Nagaya, Y. 1994. Preliminary report on radionuclide concentrations in the bottom waters at the entrance of Wakasa Bay with special reference to the Japan Sea Proper Water. *J. Oceanogr.*, 50: 589-598.

Kasamatsu, F. and Joyce, G.G. 1995. Current status of Odontocetes in the Antarctic. *Antarctic Sci.*, 7: 365-379.

Kasamatsu, F., Nishiwaki, S. and Ishikawa, H. 1995. Breeding areas and southbound migrations of southern minke whales *Balaenoptera acutorpstrata*. *Mar. Ecol. Prog. Ser.*, 119: 1-10.

Kasamatsu, F., Joyce, G.G., Ensor, P. and Mermoz, J. 1996. Current occurrence of baleen whales in the Antarctic. *Rep. int. Whal. Commn.*, 46: 293-304.

Kasamatsu, F. and Ishikawa, Y. 1997. Natural variations of artificial radionuclide ^{137}Cs in marine organisms with special reference to the effect of food habits and trophic level. *Mar. Ecol. Prog. Ser.*, 160: 109-120.

Kasamatsu, F., Ensor, P., Joyce, G., and Kimura, N. 1998. Distribution of minke whales in the Weddell Sea with special reference to the sea-ice and sea surface temperature. *Bull. Japn. Soc. Fish. Oceanogr.*, 62: 334-342.

Kasamatsu, F., Sato, R. and Park, K. 1998. Effects of growth and change of food on the $\delta^{15}N$ in marine fishes. *RADIOISOTOPES*, 47: 471-479.

Kasamatsu, F., Ensor, P. and Joyce, G. 1998. Clustering and aggregation of minke whales in the Antarctic feeding grounds. *Mar. Ecol. Prog. Ser.*, 168: 1-11.

Kasamatsu, F. and Inatomi, N. 1998. Effective environmental half-lives of ^{90}Sr and ^{137}Cs in the coastal seawaters of Japan. *J. Geophys. Res.*, 103: 1209-1217.

Kasamatsu, F., Kawabe, K., Inatomi, N. and Murayama, T. 1999. A note on radionuclide ^{137}Cs and ^{40}K concentrations in Dall Porpoises (*Phocoenoides dalli*) in waters of coastal Japan. *J. Cetacean Res. Manage*, 1 (3) : 275-278.

Kasamatsu, F., Ensor, P., Joyce, G. and Kimura, N. 2000a. Distribution of minke whales in the Bellingshausen Sea and Admunsen Sea (60W-120W) with special reference to the environmental/physiogeological variables. *Fisheries Oceanography* (in press).

Kasamatsu, F., Matsuoka, K. and Hakamda, T. 2000b. Interspecific relationships and density gradients of the whale community in the Antarctic. *Polar Biol.* (in press).

Kasamatsu, F., and Kimura, N. Note on distribution of minke whales in the Weddell Sea with special reference to the environmental variables. (submitted to *J. Cetacean Res. Manag., Cambridge, UK*) .

Kasamatsu, F. 2000. Species diversity of the whale community in the Antarctic. Submitted to *Mar. Ecol. Prog. Ser.*

粕谷俊雄 1990. 歯鯨類の生活史. In: 海のほ乳類. 宮崎信之・粕谷俊雄編. サイエンティスト社, pp.80-127.

Kasuya, T. and Marsh, H. 1984. Life history and reproductive biology of the short-finned pilot whale, *Globichephala macrorhyncus*, off the Pacific coast of Japan. *Rep. int. Whal. Commn.* (Special Issue 6) : 259-310.

Kasuya, T., Miyashita, T. and Kasamatsu, F. 1988. Segregation of two forms of short-finned pilot whales off the Pacific coast of Japan. *Sci. Rep. Whales Res. Inst.*, 39: 77-90.

Kato, H. 1987. Density dependent changes in growth parameters of southern minke whale. *Sci. Rep. Whales Res. Inst.*, 38: 47-73.

加藤秀弘 1990. ヒゲクジラ類の生活史. 特に南半球産ミンククジラについて. In: 海のほ乳類. 宮崎信之・粕谷俊雄編. サイエンティスト社, pp.128-150.

Kato, H., Kishino, H. and Fujise, Y. 1990. Some analysis on age composition and segregation of southern minke whales using samples obtained from the Japanese feasibility study in 1987/88. *Rep. int. Whal. Commn.*, 40: 249-256.

Kawamura, A. 1980. Review of food of balaenopterid whales. *Sci. Rep. Whales Res. Inst.*, 32: 155-197.

Keddy, P.A. 1989. Competition. Chapman and Hall, London. 202pp.

Kevern, N.R. 1966. Feeding rates of carp estimated by a radioisotope method. *Trans. Am. Fish. Soc.*, 95: 363-371.

木元新作 1993. 集団生物学概説. 共立出版, 188p.

岸野洋久 1999. 生のデータを料理する-統計科学における調査とモデル化. 日本評論社, 227p.

Kishino, H. and Kasamatsu, F. 1987. Comparison of the closing and passing mode procedures used in sighting surveys. *Rep. int. Whal. Commn.*, 37: 253-258.

Kishino, H., Kasamatsu, F. and Toda, T. 1988. On the double line transect method. *Rep. int. Whal. Commn.*, 38: 273-279.

Kishino, H., Kato, H., Kasamatsu, F. and Fujise, Y. 1991. Detection of heterogeneity and estimation of population characteristics from the field survey data: 1987/88 Japanese feasibility study of the southern minke whales. *Ann. Inst. Statis. Math.*, 43: 435-453.

Knox, G.A. 1994. The biology of the Southern Ocean. Cambridge Univ. Press, 429pp.

Kock, K.H. and Shimadzu, Y. 1994. Trophic relationships and trends in population size and reproductive parameters in Antarctic high-level predators. In: *Southern Ocean Ecology: the BIOMASS Perspective*. El-Sayed, S. (ed.) ,. Cambridge Univ. Press, Cambridge, pp.287-312.

Kolehmainen, S.E: Daily Feeding Rates of Bluegill (*Lepomis macrochirus*) determined by a Refined Radioisotope method. *J. Fish. Res. Bd.* Can., 31: 69-74. 1974.

Kraus, S.D. 1986. A review of the status of right whale (*Eubalaena glacialis*) in the western North Atlantic with a summary plan for research and management. National Technical Information Service, Springfield, VA.

Krebs, C.J. 1972. Ecology. Harper & Row, Publisher. N.Y.

────. 1978. Ecology, the experimental analysis of distribution and abundance (2nd ed.) . Harper & Row, N.Y., 678pp.

Krebs, J.R. 1974. Colonial nesting and social feeding as strategies for exploiting food resources in the great blue heron (*Andea herodians*) . *Behaviour*, 51: 99-134.

Laws, L.W. 1962. Some effects of whaling on the southern stocks of baleen whales. In: *The exploitation of Natural Animal Populations*. Le Cren E.D. and Holdgate, M.W. (eds.) . Blackwell Sci. Publications, Oxford, pp.137-58.

Laws, R.M. 1977. Seals and whales of southern ocean. *Phi .Trans. R. Soc. Lond.*, B 279: 81-96.

────. 1985. The ecology of southern ocean. *Amer. Sci.*, 73: 26-40.

Leatherwood, J.S. 1974. Aerial observations of migration gray whales, *Eschrichtius robustus*, off southern California. (1969-1982) . *Mar. Fish. Rev.*, 36: 45-49.

Lloyd, M. 1967. Mean crowding. *J. Anim. Ecol.*, 36: 1-30.

Lockyer, C. 1984. Review of baleen whale (Mysticeti) reproduction and implications for management. *Rep. int. Whal. Commn.* (Special Issue 6) : 27-50.

Loeb, V., Seigal, V., Holm-Hansen, O., Hewitt, R., Fraser, W., Trivelpiece, W. and Triveloiece, S. 1997. Effects of sea ice extent and krill or salpa dominance on the Antarctic food web. *Nature*, 387: 897-900.

Lubina, J.A. and Levin, S.A. 1988. The spread of a reinvading species: range expansion in the California sea otter. *Am. Nat.*, 131: 526-543.

MacArthur, R.H. 1955. Fluctuations of animal populations and a measure of community stability. *Ecology*, 36: 533-536.

MacArthur, R.H, and Levins, R. 1967. The limiting similarity, convergence, and divergence of coexisting species. *Amer. Nat.*, 101: 377-85.

MacArthur, R.H. 1972. Geographical Ecology, patterns in the distribution of species. Harper & Row Publisher, Inc. New York.

Mackintosh, N.A. 1942. The southern stocks of whalebone whales. *Discovery Rep.*, 22: 197-300.

Mackintosh, N.A. 1965. The stock of whales. Fishing News (Book) , London.

Mackintosh, N.A. 1966. The distribution of southern blue and fin whales. In: *Whales, Dolphins and Porpoises*. Noris, K.D. (ed.) . pp.125-144. Univ. California Press, Los Angeles.

Mackintosh, N.A. 1970. Whales and krill in the twentied century. In: *Antarctic Ecology, Vol.1*. Holdgate, M.W. (ed.) . Academic Press, London, pp.195-212.

Mangel, M. and Clark, C.W. 1988. Dynbamic modeling in behavioral ecology. Princeton University Press, Princeton, New Jersey. 308pp.

Margalef, R. 1958. Information theory in ecology. *General Systems*, 3: 36-71.

Marine Mammals and Persistent Ocean Contaminants. 1999. Proceedings of the Marine Mammal Commission Workshop, Keystone, Colorado, October, 1998, Marine Mammal Commission, Bethesda, Maryland, 150pp.

Marr. J.W.S. 1962. Tha natural history and geography of Antarctic krill (*Euphausia superba* Dana). *Discovery Rep.*, 32: 33-364.

Masaki, Y. 1979. Yearly change of the biological parameters for the Antarctic minke whale. *Rep. int. Whal. Commn.*, 29: 375-396.

Marsh, H. and Kasuya, T. 1986. Evidence of reproductive senescence in female cetaceans. *Rep. int. Whal. Commn.* (Special Issue 8) : 57-74.

Martineau, D.S., De Guise, S., Fournier, M., Shugart, L., Girard, C., Lagace, A. and Beland, P. 1994. Pathology and toxicology of beluga whales from the St. Lawrence estuary, Quebec, Canada. Past, present and future. *Sci. Total Environment*, 154: 201-215.

Masaki, Y. 1979. Yearly change of the biological parameters for the Antarctic minke whale. *Rep. Int. Whal. Commn.*, 29: 375-393.

Mate, B.R. and Harvey, J.T. 1984. Ocean movements of ragio tagged gray whales. In: *The Gray Whale*. Jones, M.L., Swartz, S.L. and Leatherwood, S. (eds.) . Academic Press, New York, pp.577-589.

Mate, B.R., Rossbach, K.A., Nieurirk, S.L., Wells, R.S., Irvine, A.B., Scott, M.D. and Read, A.J. 1995. Satellite-monitored movements and dive behavior of a bottlenose dolphin (*Tursiops truncates*) in Tampa Bay, Florida. *Mar. Mamm. Sci.*, 11: 452-463.

Matsuoka K., Fujise, Y. and Pastene, L. 1994. A sighting of a large school of the pygmy right whale, *Caperea marginata*, in the Southeast Indian Ocean. *Mar. Mamm. Sci.*, 10: 594-596.

Matsuoka, K., Watanabe, T., Ichii, T., Shimada, H. and Nishiwaki, S. 1999. Application of the XCTD oceanographic survey in the Antarctic Areas IIIE and IV (35E-130E) during 1997.98 JARPA cruise. Paper SC/51.E5 submitted to the Scientific Committee of the IWC.

May, R.M. 1976. Models for two interacting populations. In: *Theoretical ecology*. May, R. (ed.) Blackwell Scientific Publications, Oxford, U.K, pp.78-104.

Mikhalev, Y.A., Ivashin, M.V., Savushin, V.P. and Zelenaya, F.E. 1981. The distribution and biology of killer whales in the southern hemisphere. *Rep. int. Whal. Commn.*, 31: 551-565.

Milinkovitch, M.C., Orti, G. and Meyer, A. 1993. Revised phylogeny of whales suggested by motochondrial ribosomal DNA sequences. *Nature*, 361: 346-348.

南川雅男 1997. 安定同位体比による水圏生態系構造の解明. 水環境学会誌, 20: 296-300.

Minagawa, M., and Wada, E. 1984. Stepwise enrichment of $\delta^{15}N$ along food chain: Further evidence and the relation between $\delta^{15}N$ and animal age. *Geochim. Cosmochim. Acta*, 48: 1135-1140.

Mitchell, E. 1970. Pigmentation pattern evolution in delphinid cetaceans: an essay in adaptive coloration. *Can. J. Zool.* 48: 717-740.

Miyashita, T. 1985. Mark and recoveries for the Western North Pacific Bryde's whale. *Rep. int. Whal. Commn.*, 35: 114.

Miyashita, T. and Kasamatsu, F. 1985. Population assessment of the western North Pacific stock of Bryde's whales. *Rep. int. Whal. Commn.*, 35: 363-368.

宮崎信之 1991. 海棲哺乳類を指標にした海洋汚染研究の現状. 哺乳類科学, 31: 45-63.

村山司・笠松不二男 1996. 「ここまでわかったイルカとクジラ」. 講談社ブルーバックス. 講談社, 213頁.

Nemoto, T. 1970. Feeding pattern of baleen whales in the ocean. In: *Marine Food Chains*. Steel, J.H. (ed.) . University California Press, Berkeley and Los Angeles, 552p.

Nemoto, T., Okiyama, and Takahashi, M. 1985. Aspects of the roles of squid in food chains of marine Antarctic Ecosystems. In: *Antarctic Nutrient Cycles and Food Webs*. Siegfried, W.R., Condy, P.R. and Laws, R.M. (eds.) . Spring-Verlag. Berlin Heidelberg, pp.415-420.

Nerini, M.K., Braham, H.W., Marquette, W.M., and Rugh, D.J. 1984. Life history of the bowhead whale, *Balaena mysticetus*. *J. Zool.*, 204: 443-468.

Nishiwaki, S., Matsuoka, K., Hakamda, T. and Kasamatsu, F. 1998. Yearly changes in distribution and abundance in Areas IV and V in the Antarctic. Paper SC/49/SH13 submitted to the Scientific Committee of the IWC.

Norris, K.S. 1968. The evolution of acoustic mechanisms in odontoce cetaceans. In: *Evolution and Environment*. Drake, E.T. (ed.). Yale University Press. New Haven and London. pp.297-324.

Norris, K.S. and Evans, W.E. 1967. Directionality of echolocation click in the rough-tooth porpoise. In: *Marine bioacoustics*, *Vol. 2*. Tavolga, W.N. (ed.). Pergamon Press. Oxford, pp.305-316.

Norris. K.S., Villa-Ramirez, B., Nichols, G., Wursig, B. and Miller, L. 1983. Lagoon entrance and other aggregations of gray whales (*Eschrichtius robustus*). In: *Biol. Sonar Diving Mammals*. Stanford Research Institute. Menlo Park California, pp.113-129.

Odum, E.P. 1959. Fundamentals of ecology, 2nd ed., Philadelphia, Saunders.

――――・ 1971. Fundamentals of Ecology. 生態学の基礎,培風館(1974).

Odum, E.P. *et al.* 1972. Ecosystem structure and function. 生態系の構造と機能. 木村充監訳, 築地書館, 229p.

小川奈々子・木庭啓介・高津文人・和田栄太郎 1997. 自然生態系における炭素・窒素安定同位体存在比. *RADIOISOTOPES*, 46: 632-644.

大泉宏 1998. イシイルカの摂餌生態. 東京大学 学位論文, 152pp.

Ono, T., Siva-Jothy, M. and Kato, A. 1989. Removal and subsequent ingestion of rival's semen during copulation in a tree cricket. *Physiological Entomology*, 14: 195-202.

大隅清治 1988. クジラは昔陸を歩いていた. PHP研究所, 252pp.

――――・ 1993. クジラのはなし. 技報堂出版, 187pp.

Ohsumi, S. and Kasamatsu, F. 1986. Recent off-shore distribution of the southern right whale in summer. *Rep. int. Whal. Commn*. (Special Issue 10): 177-185.

Owens, N.J.P. 1987. Natural Variations in ^{15}N in the Marine Environment. *Advance Mar. Biol.*, 24: 389-451.

Pastene, L.A. and Baker, C.S. 1997. Diversity and distribution of mtDNA lineages among humpback whales on the feeding and wintering grounds of the southern hemisphere. Paper SC/49/SH26 submitted to the IWC Scientific Committee meeting, Bournmouth, UK, July 1997.

Pastene, L.A., Fujise, Y. and Numachi, K. 1994. Differentiation of mitochondrial DNA between ordinary and dwarf forms of southern minke whales. *Rep. int. Whal. Commn.*, 44: 277-281.

Pastene, L.A., Goto, M., Itoh, S. and Numachi, K. 1996. Spatial and temporal patterns of mitochondrial DNA variation in minke whale from Antarctic areas IV and V. *Rep. int. Whal. Commn.*, 46: 305-314.

Pastene, L.A., Goto, M. and Kishino, H. 1998. An estimate of the mixing proportion of 'J' and 'O' stocks minke whales in sub-area 11 based on mitochondrial DNA haplotype data. *Rep. int. Whal. Commn.*, 48: 471-474.

Payne, R.S. 1972. Report from Patagonia: the right whales. New York Zoological Society.

Payne, R. and Guinee, L.N. 1983. Humpback whale (*Megaptera novaeangliae*) songs as an indicator of 'stock'. In: *Communication and behavior of whales*. Payne, R. (ed.). AAAS selected Symp. Ser. Westview Press, Boulder, pp.333-358.

Payne, R., Brazier, O., Dorsey, E.M., Perkins, J.S., Rowntree, V.J. and Titus, A. 1983. External features in southern right whales (*Eubalaena australis*) and their use in identifying individuals. In: *Communication and behavior of whales*. Payne, P.R. (ed.). AAAS selected Symp. Ser. Westview Press, Boulder, pp.371-445.

Pianka, E.R. 1973. The structure of lizard communities. *Annu Rev Ecol Syst.*, 4: 53-74.

Pielou, E.C. 1966a. The use of information theory in the study of the diversity of Biological Population. Proc. Fifth Berkeley Symp. Math. Statist. Probab., pp.163-177.

――――・ 1966b. Species-diversity and pattern-diversity in the study of ecological succession. *J. Theoret. Biol.*, 10: 370-383.

――――・ 1969. An Introduction in Mathematical Ecology. Wiley-Interscience, New York.

─────・ 1974. Population and Community Ecology: Principles and Methods. Godon and Breach, New York.
Pike, B.G. 1962. Migration and feeding of the gray whale (*Eschrichtius robustus*). *J. Fish. Res. Bd. Can.*, 19: 815-838.
Rau, G.H., Ainley, D.G., Bengtson, J.L., Torres, J.J. and Hopkins, T.L. 1992. $^{15}N/^{14}N$ and $^{13}C/^{12}C$ in Weddell Sea birds, seals, and fish: implications for diet and trophic structure. *Mar. Ecol. Prog. Ser.*, 84: 1-8.
Rau, G.H., Sweney, R.E., Kaplan, I.R., Mearns, A.J. and Young, D.R. 1981. Differences in animal C, N and D abundance between a polluted and unpolluted coastal site: Likely indicators of sewage uptake by a marine food web. *Est. Coast. Shelf Sci.*, 13: 701-707.
Reijnders, P.J.H. 1986. Reproductive failure in harbour seals feeding on fish from polluted coastal waters. *Nature*, 324: 456-457.
─────・ 1988. Ecotoxicological perspectives in marine mammalogy: research principles and goals for a conservation policy. *Mar. Mamm. Sci.*, 4: 91-102.
─────・ 1994. Toxicokinetics of cholobiphenyls and associated physiological responses in marine mammal, with particular reference to their potential for ecotoxicological risk assessments. *Sci. Total Environment*, 154: 229-236.
─────・ 1999. Reproductive and developmental effects of endocrine-disrupting chemicals on marine mammals. In: O'Shea, T.J., Reeves, R.R. and Long, A.K. (eds.). Marine Mammals and Persistent Ocean Contaminants: Proc. Marine Mammal Commission Work Shop, Keystone, Colorado, October 1998. Marine Mammal Commission, Bethesda, Maryland, pp.93-100.
Reyes, J.C., Mead, J.G. and Waerebeek, K.V. 1991. A new species of beaked whale *Mesoplodon peruvianus* sp. N. (Cetacea: Ziphiidae) from Peru. *Mar. Mamm. Sci.*, 7: 1-24.
Ribic, C.A., Ainley, D.G. and Fraser, W.R. 1991. Habitat selection by marine mammals in the marginal ice zone. *Antarctic Science*, 3: 181-186.
Rice, D.W. 1998. Marine Mammals of the Wrold systematics and distribution. Special Publication No.4. The Society for Marine Mammalogy. 231p.
Rosel, P.E., Tiedemann, R. and Walton, M. 1999. Genetic evidence for limited trans-Atlantic movements of the habor porpoise *Phocoena phocoena*. *Mar. Biol.*, 133: 583-591.
Rosenbaum, H.C., Clapham, P.J., Allen, J., Nicole-Jenner, M., Jenner C., Florez-Gonzalez, L., Urban, R.J., Ladron, G.P., Mori, K., Yamaguchi, M. and Baker, C.S. 1995. Geographic variation in ventral fluke pigmentation of humpback whale *Megaptera novaeangliae* populations worldwide. *Mar. Ecol. Prog. Ser.*, 124: 1-7.
Ross, G.J.B., Best, P.B. and Donnelly, B.G. 1975. New records of the pygmy right whale (*Caperea marginata*) from South Africa, with comments on distribution, migration and appearance, and behavior. *J. Fish. Res. Bd. Can.*, 32: 1005-1017.
Rott, H., Skvarca, P. and Nagler, T. 1996. Rapid collapse of northern Larsen Ice Shelf, Antarctic. *Science*, 271: 788-792.
Rowan, D.J., Chant, L.A., and Rasmussen, B. : The fate of radiocesium in freshwater communities ? why is biomagnification variable both within and between species? *J. Environ. Radioactivity*, 40: 15-36. 1998.
Rowan, D.J. and Rasmussen, J.B. : Bioaccumulation of radiocesium by fish: the influence of physicochemical factors and trophic structure. *Can. J. Fish. Aquat. Sci.*, 51: 2388-2410, 1994.
Sakuramoto, S. and Tanaka, S. 1985. A new multi-cohort method for estimating southern hemisphere minke whale populations. *Rep. int. Whal. Commn.*, 35: 261-271.
佐藤晴子 1996. 最近，根室海峡で観察される鯨類について．「標津のホエールウオッチングの行方」別冊報告書．
─────・ 1998a. 豊かな環境に支えられたクジラやイルカの通り道．サイアス．1998年11月6日号：

78-81.

―――・1998b. 最近, 根室海峡に出現する鯨類について, 主にホエールウオッチングを通じて観察・聴取した 1995-1998 年の情報に基づく, 根室海峡に現れる鯨類の生態に関する報告.

Saupe, S.M., Schell, D.M. and Griffiths, W.B. 1989. CarbonS-isotope ratio gradients in western Arctic zooplankton. *Mar. Biol.*, 103: 427-432.

Schell, D.M., Barnett, B.A. and Vinett, K. 1998. Carbon and nitrogen isotope ratios in zooplankton of the Bering, Chukchi and Beaufort Seas. *Mar. Ecol. Prog. Ser.*, 162: 11-23.

Schell, D.M. and Saupe, S.M. 1993. Feeding and growth as indicated by stable isotopes. In: *The Bowhead Whale*. Bernes, J.J., Montague, J.J. and Cowles, C.J. (eds.). Sco. Mar. Mamm. Spec. Publ. No.2, Allen Press, London, pp.491-509.

Schell, D.M., Saupe, S.M. and Haubenstock, N. 1989a. Bowhead whale (*Balaena mysticetus*) growth and feeding as estimated by $\delta^{13}C$ techniques. *Mar. Biol.*, 103: 433-443.

Schell, D.M., Saupe, S.M. and Haubenstock, N. 1989b. Natural isotope abundances in bowhead Whale (*Balaena mysticetus*) baleen: markers of aging and habitat usage. In: *Stable isotopes in ecological research*. Rundel, P.W., Ehleringer, J. R. and Nagy, K.A. (eds.). Springer Verlag, New York. pp.261-269.

Schoener ,T.W. 1983. Field experiments on interspecific competition. *Am. Nat.*, 122: 240-85.

Seber, G.A.F. 1982. The estimation of animal abundance and related parameters (2nd edition). Charles Griffin & Company Ltd. London, 654p.

Seip, K.L. 1997. Defining and measuring species interactions in aquatic ecosystems. *Can. J. Fish. Aquat. Sci.*, 54: 1513-1519.

Shannon, C.E. and Weaver, W. 1963. The mathematical theory of communication. Univ. Illinois Press, Urbana.

Shimadzu, Y. and Kasamatsu, F. 1981. Operating pattern of Japanese whaling expeditions engaged in minke whaling in the Antarctic. *Rep. int. Whal. Commn.*, 31: 349-155.

―――・1983. Operating pattern of Antarctic minke whaling by the Japanese expedition in 1981/82. *Rep. int. Whal. Commn.*, 33: 389-391.

―――・1984. Operating pattern of Antarctic minke whaling by the Japanese expedition in the 1982/83 season. *Rep. int. Whal. Commn.*, 34: 357-359.

Shirakihara, K., Yoshida, H., Shirakihara, M. and Takemura, A. 1992. A questionnaire survey on the distribution of the finless porpoise, *Neophocoena phocaenoides*, in Japanese water. *Mar. Mamm. Sci.*, 8: 160-164.

Sholto-Douglas, A.D., Field, J.G., James, A.G. and van del Merwe, N.J. 1991. $^{13}C/^{12}C$ and $^{15}N/^{14}N$ isotope ratio indicators in the Southern Benguela ecosystem: indicators of food web relationships among different size-classes of plankton and pelagic fish; differences between fish muscle and bone collagen tissues. *Mar. Ecol. Prog. Ser.*, 78: 23-31.

Siegfried W.R., Condy P.R. and Laws R.M. (eds.). 1985. Antarctic nutrient cycles and food webs. Springer-Verlag, Berlin.

Siegel, V. and Loeb, V. 1995. Recruitment of Antarctic krill *Euphausia superba* and possible causes for its variability. *Mar. Ecol. Prog. Ser.*, 123: 45-56.

Simpson, E.H. 1949. Measurement of diversity. *Nature*, 163: 688.

Siva-Jothy, M.T. 1984. Sperm competition in the family Lefelluidae (Aniroptera) with special reference to *Crocothemis erythraea* (Brulle) and *Orthetrum cancellatum* (L). *Adv. Odonatol.*, 2: 195-207.

Slater, P.J. 1984. An Introduction to Ethology. Univ. of Cambridge Press.

Slijper, E.J. 1958. Whales (second edition). 鯨(原書第2版). E.J. シュライパー著, R.J. ハリソン補遺, 細川宏/神谷敏郎訳. 東京大学出版会. 1984. 493p.

Smith, R.B. (ed.) 1984. Sperm competition and the evolution of animal mating systems. Academic Press,

New York.
Smith, W.O. Jr. and Nelson, D.M. 1986. Importance of ice edge phytoplankton production in the Southern Ocean. *Bio Science*, 36: 251-7.
Smith, W.O. and Nelson, D.M. 1990. Phytoplankton growth and new production in the Weddell Sea marginal ice zone in the Austral spring and autumn. *Limnol. Oceanogr.*, 35: 809-821.
Swarts, S.L. 1986. Gray whale migratory, social and breeding behavior. *Rep. int. Whal. Commn.* (Special Issue 8) : 207-230.
Swartz, M.L. and Leatherwood, S. (eds.). The gray whale *Eschrichtius robustos*. Academic Press. Orland, Fla. pp.309-374.
Tamura, T. and Ohsumi, S. 1999. Estimation of total food consumption by cetaceans in the world's oceans. Institute of Cetacean Research, Tokyo, 16pp.
田村力・大隅清治 1999. 世界の海洋における鯨類の食物年間消費量. 鯨研通信, 402: 10-22.
田辺信介 1985. 海洋におけるPCBの分布と挙動. 日本海洋学会誌, 41: 358-370.
―――― 1998a. 海棲哺乳類を脅かす化学物質汚染. 科学, 68: 539-545.
―――― 1998b. 環境ホルモン. 岩波ブックレット No.456. 54pp.
Tanabe, S., Iwata, H. and Tatsukawa, R. 1994. Global contamination by persistent organochlorines and their ecotoxicological impact on marine mammals. *Sci. Total Environ.*, 154: 163-177.
Tanabe, S., Watanabe, S., Kan, H. and Tatsukawa, R. 1988. Capacity and mode of PCB metabolism in small cetaceans. *Mar. Mamm. Sci.*, 4: 103-124.
田中昌一 1985. 水産資源学総論. 恒星社厚生閣. 東京. 381p.
Tanaka, S., Kasamatsu, F. and Fujise, Y. 1992. Likely precision of estimates of natural mortality rates from Japanese research data for southern hemisphere minke whales. *Rep. int. Whal. Commn.* 42: 413-420.
Thewissen, J.G., Hussain, S.T. and Arif, M. 1994. Fossil evidence for the origin of aquatic Locomotion in Archaeocete whales. *Science*, 263: 210-213.
Thomson, R.B., Butterworth, D.S. and Kato, H. 1999. Has the age at transition of southern hemisphere minke whales declined over recent decades? *Mar. Mamm. Sci.*, 15: 661-682.
Thompson, T.J., Winn, H.E. and Perkins, P.J. 1979. Nysticete sounds. In: *Behavior of Marine Mammals. Vol. 3: Cetaceans*. Winn, H.E. and Olla, B.L. (eds.). Plenum Press, New York. pp.403-431.
Tilman, D. 1982. Resource Competition and Community Structure. Princeton Univ. Press. Princeton.
Townsend, C.H. 1935. The distribution of certain whales as shown by logbook records of American whale ships. *Zoologica*, 19: 1-50.
Tyack, P. 1981. Interactions between singing Hawaiian humpback whales and conspecifics nearby. *Behav. Ecol. Sociobiol.*, 8: 105-116.
Tyack, P. and Whitehead, H. 1983. Male competition in large groups of wintering humpback whales. *Behaviour*, 83: 132-154.
宇田道隆 1960. 海洋漁場学. 水産学全集16. 恒星社厚生閣.
Van Valen, L. 1968. Monophyly or diphyly in the origin of whales. *Evolution*, 22: 37-41.
―――― 1969. The multiple origins of the placental carnivores. *Evolution*, 23: 118-130.
Vaughan, D.G. and Doake, C.S.M. 1996. Recent atmospheric warming and retreat of ice shelves on the Antarctic Peninsula. *Nature*, 379: 328-31.
和田栄太郎 1986. 生物界における安定同位体分布の変動. *Radioisotopes*, 35: 136-146.
和田栄太郎・半場裕子 1994. 生元素安定同位体比自然存在比－その研究の現状と展望. 生化学, 66: 15-28.
Wada, E., Kabaya, Y. and Kurihara, Y. 1993. Stable isotopic structure of aquatic ecosystems. *J. Biosci.* 18: 483-499.

Wada, E., Mizutani, H. and Minagawa, M. 1991. The use of stable isotopes for food web analysis. *Critical Rev. Food Sci. Nutrition*, 30: 361-371.

Wada, E., Terasaki, M., Kabaya, Y., and Nemoto. T. 1987. ^{15}N and ^{13}C abundances in the Antarctic ocean with emphasis on the biogeochemical structure of the food web. *Deep-Sea Res.*, 34: 829-841.

Wada, S. 1984. Movements of marked minke whales in the Antarctic. *Rep. Int. Whal. Commn.*, 34: 349-355.

Wada, S., Kobayashi, T. and Numachi, K. 1991. Genetic variability and differentiation of mitochondrial DNA in minke whales. *Rep. int. Whal. Commn.* (Special Issue 13) : 126-154.

Wada, S. and Numachi, K. 1979. External and biochemical characters as an approach to stock identification for the Antarctic minke whale. *Rep. int. Whal. Commn.*, 29: 421-432.

Wada, S. and Numachi, K. 1991. Allozyme analysis of genetic differentiation mong the populations and species of the Balaenoptera. *Rep. int. Whal. Commn.* (Special Issue 13) : 203-215.

和田時夫 1988. 道東海域におけるまき網対象マイワシ資源の来遊動態に関する研究. 北水研報告, 52：1-138.

Watanabe, I., Yamamoto, Y., Honda, K., Fujise, Y., Kato, H., Tanabe, S. and Tatsukawa, R. 1998. Comparison of mercury accumulation in Antarctic minke whale collected in 1980-82 and 1984-86. *Nippon Suisan Gakkaishi*, 64: 105-9.

Watkins, W.A., Sigurjonsson, J., Wartzok, D., Maiefski, R.R., Howey, P. and Daher M.A. 1996. Fin whale tracked by satellite off Iceland. *Mar. Mamm. Sci.*, 12: 564-569.

White, W.B. and Peterson, R.G. 1996. An Antarctic circumpolar wave in surface pressure, wind, temperature and sea-ice extent. *Nature*, 380: 699-702.

Whitehead, H. 1982. Populations of humpback whales in the northwest Atlantic. *Rep. int. Whal. Commn.*, 32: 345-353.

─────・ 1983. Structure and stability of humpback whale groups off Newfounland. *Can. J. Zool.*, 61: 1391-1397.

Whitemore, F.C. and Sanders, A.E. 1977. Review of the Oligocene Cetacea. *Syst. Zool.*, 25: 304-320.

Whitterker, R.H. 1975. Communities and ecosystems 2nd Edition. The Macmillan Co., New York.

Winn, H.E., Thompson, T.J., Cummings, W.C., Hain, J., Hundall, J., Hays, H. and Steiner, W.W. 1981. Song of the humpback whale-population comparisons. *Behav. Ecol. Sociobiol.*, 8: 41-46.

Winn, H.E. and Winn, L.K. 1978. The song of the humpback whale, *Megaptera novaeangliae*, in the West Indies. *Mar. Biol.*, 47: 97-114.

Wursig, B. and Clark, C. 1994. Behavior. In: *The bowhead whale*. Burns, J.J., Montague, J.J. and Cowles, C.J. (eds.).

Yablokov, A.V. 1963. Types of colour of the Cetacea. *Bull. Moscow Soc. Nat. Biol.* 68 (6) : 27-41. *Dep. Fish. Res. Board Transl. Ser.* No.1239.

Yoshida, H., Shirakihara, K., Kishino, H. and Shirakihara, M. 1997. A population size estimate of the finless porpoise, *Neophocoena phocaenoides*, from areal sighting surveys in Ariake Sound and Tachibana Bay, Japan. *Res. Popul. Ecol.*, 39: 239-247.

Yoshida, H., Shirakihara, K., Kishino, H., Shirakihara, M. and Takemura, A. 1998. Finless porpoise abundance in Omura Bay, Japan. Estimation from aerial sighting surveys. *J. Wildlife Management*, 62: 286-291.

山田作太郎・北田修一 1997. 生物資源統計学. 成山堂書店, 263p.

山田佳裕・吉岡崇志 1999. 水域生態系における安定同位体解析. 日本生態学会誌, 49: 39-45.

Zanden, J.V., Cabana, G. and Rasumussen, J.B. 1997. Comparing trophic position of freshwater fish calculated using stable isotopic ratios (δ^{15}N) and literature dietry data. *Can. J. Fish. Aquat. Sci.*, 54: 1142-1158.

Zwally, H.J. 1991. Breakup of Antarctic ice. *Nature*, 350: 274.

おわりに

　毎年私のところに，若い人からクジラの研究をしたいという問い合わせがある．これらの人は，一様に「クジラの研究」という漠然とした目的意識しかもっておられず，クジラ類の何を研究したいのかといった問いに対しては明確に答えられないケースが多い．これは，クジラ類に関する知識が一般のテレビや雑誌等による視覚的なものに限られていること，市販のクジラ類関係の図書も図鑑的な内容のものが多く，結局，クジラ類に対して現在どのような最新の調査や研究が実際行われているかといった内容の専門書が極めて少ないことが原因ではないかと考えている．また，大学で講義した際の学生のレポートでも，適当な参考書が無いといった不満が強かった．本書は，クジラ類の生態に関心をもつ若い人々やクジラ類の研究に携わりたいと思っている人々をも意識して書かれている．本書で紹介したクジラ類の生態を追求する多様な見方や調査が，これらの方々の参考になれば幸いである．

　最近，米国・ロシアの共同調査や北方領土への墓参に伴う調査から千島列島南部にラッコの繁殖集団が観察された．繁殖力が強く摂食量も多いラッコ資源の増加とその南下は，今後その主要な餌であるウニ類資源との関係が問題になるであろう．また，北半球におけるヒゲクジラの主要な餌は，人間が漁獲している多獲性の魚類（ニシン，サンマ，イカナゴ，タラ類等）であり，世界的な漁業資源の減少と人口増加問題は，クジラ類と人間との関係を問い直している．そして人間の永年にわたる化学物質の利用が，人間活動から比較的離れた水域に分布生息している海産哺乳類にも重大な影響を与えていることが明らかとなってきた．

　このように，ラッコやクジラ類を含む海産哺乳類に関しては，引き続き自然保護や環境保護の観点から，近年急速に拡大し産業化しはじめたイルカ・クジラウオッチングといったクジラ類の非消費的利用の経済活動として，海洋生物資源をめぐる人間とクジラ類との競合という点から，海洋汚染の観点から，そして次の世代に引き継ぐ重要な食料資源の対象として，今後も国の内外で活発

な議論が持たれると思われる．すでに欧米の大学などには海産哺乳類を主に扱う部門があり，精力的に活動している．にもかかわらず，日本国内の数ある国公立・私立大学で海産哺乳類を組織的系統的に教える講座や教室が一つもないのは誠に残念である．海産哺乳類の研究に関して日本の若い研究者が急速に育って来ており，これらの人達が教育指導の面でも十分力を発揮できる状況にある．今後日本の大学でも，海産哺乳類の調査研究に係わる講座や研究室が生まれることが強く望まれる．

　最後になったが，本書の基となった講義ノートに注目していただき，短期間での本書の完成に力を貸して頂いた恒星社厚生閣の小浴正博氏に感謝する．

2000年4月

著者

索　引

〈あ行〉

RMP　199, 209
RNA　70
愛他主義　148
アカボウクジラ　33
　――科　63
　――科クジラ類　57
アカボウモドキ　36
アマゾンカワイルカ　12, 22
胃　110
イカナゴ　125
イシイルカ　23, 103, 138, 193
　――型イシイルカ　23
維持管理資源　176
イチョウハクジラ　35
一様分布　46
イッカク　22
移動　76, 85
イロワケイルカ　33
イワシクジラ　17
インダスカワイルカ　21
ウェッデル海　46, 52
ウスイロイルカ　31
畝　107
衛星標識　89
MSYR　207
沿岸小型捕鯨　184
オオギハクジラ　35
オガワマッコウ　20
オキゴンドウ　26
オホーツク海　100

〈か行〉

改定管理方式　180, 199
海氷　58, 65
回遊　76
　――速度　77
　――路　82
カズハゴンドウ　26
化石　1

カニクイアザラシ　65, 128
カマイルカ　32, 103
カワゴンドウ　12, 30
環境汚染物質　189
環境傾度　51, 59
ガンジスカワイルカ　12, 21
管理海区　211
気候変動　53
キタトックリクジラ　34
漁業生物学　201
クロミンククジラ　18, 39, 52, 56, 58, 63, 68, 77
系群　201
　――構造　68, 71
系統樹　7
解毒能力　192
航空機　163
コガシラネズミイルカ　24
コククジラ　19, 77, 147
国際捕鯨取締条約　176
こし取り型　108
コシャチイルカ　33
コセミクジラ　15
コハリイルカ　24
コビトイルカ　31
コビレゴンドウ　26, 151, 185
コブハクジラ　35
個体識別　171
コマッコウ　20
ゴマフアザラシ　189
ゴンドウクジラ　185

〈さ行〉

最小捕獲頭数方式（Catch-Capping）　214
再生産　204
最大持続生産量　176
座礁　102
ザトウクジラ　18, 39, 59, 63, 71, 72, 90, 103, 109, 147

サラワクイルカ　30
サンプリングユニット　41
CLA　211, 212
$g(0)$　158
CPUE　186
時間・深度計　111
資源管理　176
資源頭数比例方式（Catch-Cascading）　214
耳垢栓　203
自然標識　90, 171
持続的生産量　180
シナウスイロイルカ　31
シャチ　25, 56, 59, 63, 103, 118, 127
集合　47
　――特性　41, 48
集中回帰　146
集中分布　46
収斂進化　7
種間関係　61
種の多様性　63
小海区方式　214
初期管理資源　177
食物連鎖解析　94
シロイルカ　22, 189
シロナガスクジラ　16, 59, 63, 111
シロハラセミイルカ　29
シワハイルカ　30
進化　1
新管理方式　176
人工標識　170
スジイルカ　27
ストランディング　102
ストリップトランセクト　161
スナメリ　13, 24, 102, 167
生活年周期　199
生元素同位体比　136
性行動　147

生産モデル　*177*
精子の争い　*148*
成熟率　*204*
性成熟年齢　*204*
成長　*203*
生物学的特性値　*199*
生物群集　*118*
生物濃縮　*136*
生物量　*65*
摂食行動　*114*
摂食種　*105*
摂食生態　*105*
摂食方法　*107*
摂食量　*121, 131*
セッパリイルカ　*33*
セトセリ類　*5*
セミイルカ　*29*
セミクジラ　*14, 147*
船団操業　*184*
遭遇率　*40*

〈た行〉
体色　*133*
タイセイヨウカマイルカ　*31*
タイヘイヨウアカボウモドキ　*37*
タイヘイヨウオオギハクジラ　*37*
大洋底　*56*
大陸斜面　*56*
大陸棚　*56*
タスマニアクチバシクジラ　*35*
タッパナガ　*26, 185*
脱落率　*173*
段階的廃止規則（phase-out rule）　*215*
ダンダラカマイルカ　*32*
窒素同位体比　*96*
チトクローム P-450　*192*
調査船　*163*
ツチクジラ　*33, 103, 184*
ツノナシオキアミ　*125*
DDT　*189*

DNA　*7, 70*
テチス海　*2, 11*
転換効率　*122*
同位体　*93*
── 効果　*94*
── 比　*93*
トラックライン　*164*
トレーサー　*136*

〈な行〉
ナガスクジラ　*16, 63, 89*
ナンキョクオキアミ　*53*
2 項分布　*48*
ニタリクジラ　*17*
2 段サンプリング　*167*
ニュージーランドオオギハクジラ　*35*
ネズミイルカ　*24, 73, 103*
年齢　*203*
濃縮係数　*138*
飲み込み型　*107*

〈は行〉
ハーレム・ブル　*149*
バイオプシー　*71*
── サンプリング　*174*
発見関数　*155*
発散的進化　*9*
パッチ　*126*
ハッブスオオギハクジラ　*35*
ハナゴンドウ　*27, 60*
ハナジロカマイルカ　*31*
バブルネット法　*109*
ハプロタイプ　*70*
ハラジロイルカ　*33*
ハラジロカマイルカ　*31*
繁殖域　*68, 140, 141*
繁殖育児群　*149*
繁殖期　*144*
繁殖行動　*146*
繁殖生態　*140*
バンドウイルカ　*28, 114*
反熱帯分布　*13*
汎熱帯分布　*14*

BWU　*176*
PCBs　*189*
ヒガシアメリカオオギハクジラ　*36*
ピグミーシロナガスクジラ　*16*
Hitter/Fitter　*208*
ヒモハクジラ　*36*
標識銛　*85, 171*
標識再捕法　*170*
標識放流法　*85*
ヒレナガゴンドウ　*26*
VPA　*209*
フェノバルビタール　*192*
負の 2 項分布　*49*
フロント　*52*
分子生物学　*7*
分子時計　*9*
分布型　*48*
分布生態　*38*
分布特性　*39, 51*
分布様式　*42, 48*
平均こみあい度　*45, 50*
Pella and Tomlinson　*206*
ペルーオオギハクジラ　*37*
変移相　*204*
ポアソン分布　*48*
ポイントトランセクト　*162*
放散　*11*
放射性同位体　*136*
ホエールウォッチング　*99*
捕獲限度量アルゴリズム　*211*
捕獲の歴史　*207*
捕鯨　*181*
保護資源　*176*
捕食行動　*127*
母船式捕鯨　*181*
ホッキョククジラ　*15, 96*

〈ま行〉
マイルカ　*27, 103*
マイワシ　*123*
マゴンドウ　*26*

マッコウクジラ　20, 57, 59, 63, 103, 151
密度依存要因　155
密度指数　40
密度推定　156
ミトコンドリア DNA　7, 70
ミナミオオギハクジラ　36
ミナミカマイルカ　33
ミナミセミクジラ　14, 96
ミナミツチクジラ　34
ミナミトックリクジラ　34, 59, 120
ミンククジラ　17, 103, 123, 186
ムカシクジラ　3, 11
無線標識　86
群れ　149
──サイズ　130, 150
メガネイルカ　23
メソニチ類　2
メチルコラントレン　192
目視シミュレーション　159
目視調査法　153

〈や行〉
有効探索幅　157
ユメゴンドウ　26
ヨウスコウカワイルカ　21
ヨーロッパオオギハクジラ　35
予防的取組み　210

〈ら行〉
ライントランセクト　154
ラッコ　118
ラプラタカワイルカ　21
リクゼンイルカ型イシイルカ　23
陸棚境界域　56

笠松不二男（かさまつ　ふじお）
1950年東京生まれ．1974年北海道大学水産学部卒業．（財）日本鯨類研究所を経て，現在，（財）海洋生物環境研究所・研究調査グループマネージャー，農学博士（東京大学）．専門は，海洋生態学，鯨類分布生態学，放射生態学．
主な著書「鯨とイルカのフィールドガイド」（東京大学出版会，1991年，共著），「ここまでわかったイルカとクジラ」（講談社ブルーバックス，1996年，共著）ほか．

田中栄次（たなか　えいじ）
1959年東京生まれ．1987年東京大学大学院農学系研究科博士課程修了（農学博士）．
1987年（社）日本水産資源保護協会，1989年東京水産大学水産学部助手を経て，現在東京海洋大学大学院教授．専門は水産資源学，水産資源管理学．
主な著書「TAC制度下の漁業管理」（農林統計協会，2005年，共著），「水産資源解析学」（成山堂，2010年），「水産と海洋の科学」（海文堂，2014年，共著）ほか．

新版クジラの生態

2000年5月25日　初版発行
2015年8月20日　新版発行
2023年4月1日　第2刷発行

定価はカバーに表示してあります

著　者　笠松不二男
補　訂　田中栄次
発行者　片岡一成
発行所　恒星社厚生閣

〒160-0008　東京都新宿区四谷三栄町 3-14
電話 03 (3359) 7371 (代)
http://www.kouseisha.com/

印刷・製本　㈱デジタルパブリッシングサービス

ISBN978-4-7699-1567-6

Ⓒ Fujio Kasamatsu, 2015

JCOPY ＜出版者著作権管理機構　委託出版物＞

本書の無断複製は著作権上での例外を除き禁じられています．複製される場合は，その都度事前に，出版者著作権管理機構（電話 03-5244-5088, FAX03-5244-5089, e-mail:info@jcopy.or.jp）の許諾を得て下さい．